喀斯特地区
海绵城市建设雨洪控制技术

赵先进　胡彩虹　杨荣芳　李析男　荐圣淇　罗志远 等　编著

U0291386

中国水利水电出版社
www.waterpub.com.cn
·北京·

内 容 提 要

本书以贵州省贵安新区示范区为研究对象，根据贵安新区示范区的水文地质条件、下垫面条件和研究区水文气象相关资料，对贵安新区示范区的空间数据和城市管网数据进行合理的概化，构建基于 SWMM 模型的贵安新区示范区城市暴雨洪水模型，对示范区规划采取加入下凹式绿地、透水铺装和绿色屋顶等雨洪措施进行情景研究，模拟分析在实测降雨和设计降雨条件下，示范区规划前和规划后单一及组合雨洪措施等多种情景，从雨洪控制效果的水文效应和经济成本两方面综合评价分析得出贵安新区示范区最优城市雨洪措施布设情景，为喀斯特地区海绵城市建设提供理论和技术支撑。

本书可供市政、环保等行业工程技术人员阅读，也可供大专院校相关专业师生参考。

图书在版编目（ＣＩＰ）数据

喀斯特地区海绵城市建设雨洪控制技术 / 赵先进等编著. -- 北京 : 中国水利水电出版社，2021.3
ISBN 978-7-5170-9373-2

Ⅰ．①喀… Ⅱ．①赵… Ⅲ．①城市－暴雨洪水－雨水资源－水资源管理－研究－贵州 Ⅳ．①TV213.4

中国版本图书馆CIP数据核字(2021)第044816号

书　　名	**喀斯特地区海绵城市建设雨洪控制技术** KASITE DIQU HAIMIAN CHENGSHI JIANSHE YUHONG KONGZHI JISHU
作　　者	赵先进　胡彩虹　杨荣芳　李析男　荐圣淇　罗志远　等 编著
出版发行	中国水利水电出版社 （北京市海淀区玉渊潭南路 1 号 D 座　100038） 网址：www. waterpub. com. cn E - mail：sales@waterpub. com. cn 电话：(010) 68367658（营销中心）
经　　售	北京科水图书销售中心（零售） 电话：(010) 88383994、63202643、68545874 全国各地新华书店和相关出版物销售网点
排　　版	中国水利水电出版社微机排版中心
印　　刷	清淞永业（天津）印刷有限公司
规　　格	170mm×240mm　16 开本　11.5 印张　225 千字
版　　次	2021 年 3 月第 1 版　2021 年 3 月第 1 次印刷
印　　数	0001—1000 册
定　　价	**80.00 元**

《喀斯特地区海绵城市建设雨洪控制技术》
编撰人员名单

赵先进　胡彩虹　杨荣芳　李析男　荐圣淇　罗志远
李　东　申献平　舒永胜　郝志斌　范富东　严　涛
宋全杰　李朝一　周华强　徐媛媛　宋晓波　钟大莉
张京恩　兰光裕　李勇杰　熊　杰　付国栋　鲁　洪
兰绍华　刘成帅　余红敏

编　撰　单　位

贵州省水利水电勘测设计研究院有限公司
郑州大学
贵州省喀斯特地区水资源开发利用工程技术研究中心
贵州贵安新区管理委员会规划建设管理局

　　暴雨来袭，城市"看海"，这些年几乎成了雨季的标配新闻，也成为城市管理的热词。住房和城乡建设部（以下简称"住建部"）2010 年对 351 个城市的内涝情况统计表明，有 213 个城市发生过积水内涝，占总数的 61%；内涝灾害一年超过 3 次的城市有 137 个，有 57 个城市的最大积水时间超过 12 小时。2013 年，南宁、广州、成都、武汉等地先后发生暴雨洪水内涝事件，城市内涝频次呈明显增加趋势。在"2012 低碳城市与区域发展科技论坛"中，"海绵城市"概念被首次提出。在 2013 年 12 月中央城镇化工作会议上，中央领导人提出"建设自然积存、自然渗透、自然净化的海绵城市"的重要理念。2014 年住建部专门印发了《城市排水（雨水）防涝综合规划编制大纲》，要求通过采取综合措施来应对暴雨内涝灾害。从 2014 年起，海绵城市建设成为保护水资源和减轻洪涝灾害损失的重要举措。财政部、住建部和水利部联合启动了全国试点城市工作，2014 年住建部编制印发了《海绵城市建设技术指南（试行）》（建城函〔2014〕275 号）（以下简称《指南》），2015 年水利部颁发了《水利部关于推进海绵城市建设水利工作的指导意见》（水规计〔2015〕321 号）。之后，有数百个城市行动起来。30 个城市分两批开展了试点建设工作，贵州省贵安新区成为第一批试点城市之一。2016 年，《中共中央 国务院关于进一步加强城市规划建设管理工作的若干意见》中也明确提出推进海绵城市建设的要求，充分利用自然山体、河湖湿地、耕地、林地、草地等生态空间建设海绵城市，提升水源涵养能力，缓解雨洪内涝压力，促进水资源循环利用。在第十二届全国人民代表大会第五次会议上，国务院政府工作报告指出，统筹城市地上地下建设，再开工建设城市地下综合管廊 2000km 以上，启动消除城区重点易涝区段三年行动，推进海绵城市建设，使城市既有"面子"，更有"里子"。2015 年，贵州省水利水电勘测设计研究院有限公司承担了贵州省科技支撑计划项目"喀斯特地区海绵城市雨洪控制技术研究及示范应用"（黔科合〔2016〕支撑 2903）。贵安新区是贵州省中部快速经济发展地区，选择以贵安新区为研究区域，对喀斯特地区海绵城市建设具有典型意义。

海绵城市，是新一代城市雨洪管理概念，是指城市在适应环境变化和应对雨水带来的自然灾害等方面具有良好的"弹性"，也可称之为"水弹性城市"。下雨时吸水、蓄水、渗水、净水，需要时将蓄存的水"释放"并加以利用，且城市建设尽量保护原有的水系统和水环境，最大限度地减少由于城市开发建设行为对自然水文过程和水生态环境造成的破坏，将城市建设成"自然积存、自然渗透、自然净化"的"海绵体"。"海绵城市"概念提出后存在很多争议和异议，海绵城市的核心是水，需要从以水文学为核心的角度进行研究，为海绵城市建设中的"水与气候""水与环境""水与生态"等提供技术支撑。本书首先总结了我国城市雨洪内涝情势；其次对贵州省降雨径流变化特征及喀斯特地区的水文情势进行了分析研究，在系统介绍 SWMM 模型原理结构及操作基础上，以贵安新区为研究对象，分析了贵安新区城区建设基础条件以及贵安新区城市管网及斑块建设功能，建立了贵安新区不同时期城市暴雨洪涝模拟模型；最后，基于贵安新区城市建设规划，以贵安新区建设中所采取的海绵措施为基础，以"渗、滞、蓄、净、用、排"为准则，构建了一种海绵城市建设条件下的分布式雨洪计算框架和模型，对不同措施组合进行了暴雨洪水模拟分析，并建立了反映水文特征、经济效益、社会效益和生态效益的综合评价指标，评价和推荐了贵安新区海绵城市建设的适宜方案，以体现城市建设与自然水环境的和谐发展，增强城市对暴雨内涝灾害的应对能力，保障城市防洪安全。

本书得到了贵州省科技厅、贵州省水利厅及有关专家的指导和帮助，也得到了贵安新区管委会相关领导和专家的支持，他们对项目研究提出了宝贵的指导性意见，在此一并致以衷心的感谢。除本书作者外，还有研究生李东、刘成帅、马炳焱、朱天生、陈游倩以及姚依晨等也参与了研究。在此，对全体参与者的精诚合作表示衷心的感谢。

由于时间有限，加之喀斯特地区的特殊性及城市内涝过程的复杂性，尽管做了大量工作，书中疏漏和不足在所难免，仍有不少问题有待进一步深入研究，恳请读者批评指正。

作者

2020 年 2 月

目 录

城市雨水管理概述

1.1 名词解释

（1）雨水管理：源于英文"stormwater management"，常被直译为"雨洪管理"或"暴雨水管理"，是对城市雨水的控制的利用（吴丹洁等，2016）。发达国家雨水管理较典型的有美国的最佳管理措施（BMP）及低影响开发（LID）体系、澳大利亚的水敏感城市设计（WSUD）、英国的可持续排水系统（SUDS）、新西兰的低影响城市设计和开发（LIUDD）等。但从该领域的发展及中文的语言内涵来看，这显然都不够准确：第一，降水问题不能仅限于"雨洪"和"暴雨水"，还包括雨水利用、径流污染控制和径流总量控制等内容；第二，中文"管理"一词字面意思过于宽泛，且易被狭义理解为非技术性的词语，但"management"在英语语境中是广义的，既包括管理层面的含义，也包括技术层面的内容；第三，"洪"字一般指外源式的来水，而雨水内涝是内源式的。所以，用"雨洪管理"或者"暴雨水管理"都不能准确地表达"stormwater management"的原意，而"雨水管理"能比较全面、清晰地反映其内涵，且包含了雨水回收利用的内容。

（2）海绵城市：是新一代城市雨洪管理概念，指城市能够像海绵一样，在适应环境变化和应对雨水带来的自然灾害等方面具有良好的弹性，也可称之为"水弹性城市"。

（3）低影响开发（Low Impact Development，LID）：是20世纪90年代末发展起来的暴雨管理和面源污染处理技术，旨在通过分散的、小规模的源头控制来达到对暴雨所产生的径流和污染的控制，使开发地区尽量接近于自然的水文循环（车生泉，2015）。

（4）水文响应单元：是指流域中下垫面特征相对单一和均匀的区域，是分布式流域水文模拟中最基本的空间单元实体。

（5）子汇水区：在使用 SWMM 进行模拟时首先需要对模型的计算域进行离散，将整个研究区域按照地表径流汇聚方向划分成若干汇水区域，每一汇水区域即为子汇水区。它的出水口是支流与主流或者支流与支流的汇聚点（赵东泉等，2008）。

（6）洪峰流量控制率：指在相同降雨条件下，海绵城市建设模式下洪峰流量的减少值与传统开发模式下洪峰流量的比值。

（7）地表径流系数控制率：指在相同降雨条件下，海绵城市建设模式下地表径流系数的减少值与传统开发模式下地表径流系数的比值。

（8）洪峰迟滞时间：指在相同降雨条件下，与城市传统开发模式相比，海绵城市建设模式下洪峰出现推迟的时间。

1.2　城市雨水管理的概念

雨水管理是对自然降水的管控过程，它涉及城市雨水资源的科学管理、减轻城区洪涝、控制雨水径流的污染、减缓地下水位的下降及生态环境维护的综合利用等方面，是一项涉及面很广的系统工程。雨水管理是通过城市下垫面的产流、汇流，雨水管线以及沟渠，城市市政排水管线以及城市河流水系等城市雨水排放系统实现对雨水的管控，时间上包括从雨水落地到最终进入受纳水体的全过程。城市雨水管理涵盖雨水的入渗、收集、处理、回收、再利用以及排放等过程，分为水量管理、水速管理、水质管理和径流路径的组织四部分。

（1）水量管理。水量管理是城市雨水管理的第一环节，根据降雨量的多少，将水量管理分为两类：第一类是在短历时暴雨雨量偏大或骤增的情况下，通过雨水管理技术措施对雨水进行疏导和量化控制，避免城市局部地区产生地表积水而发生内涝，这是水量管理的主要内容；第二类是在某时段降雨量较小时，将地表径流引入生态雨水设施，增加土壤的入渗量，补充绿地灌溉用水，补给地下水，加强水循环。

（2）水速管理。雨水径流是造成地表及流域范围内土壤受到侵蚀的主要原因。不同降雨强度条件下的地貌与降雨形成的径流侵蚀力存在定量关系，采取不同的径流调控措施对减流蓄水、拦泥阻沙及抗土壤侵蚀过程具有明显的缓和作用。

城市地表径流通过硬质空间时水速过快，雨水通道过于集中，水流迅速汇集，易造成局部城市雨水排水设施的负荷过大。暴雨时，水流迅速流过地表，雨水在地表滞留时间短，即时水量大，入渗面积小，入渗量小，同时由于市政设施中雨水井所处位置最低，雨水主要依靠道路排水，常有裸土伴随过量、过速的地表径流流经硬质场地，滞留于道路上，形成短时的雨水冲刷泥浆路径。

非雨天气时，滞留土成为城市扬尘的主要原因之一。水速管理就是通过改变城市地表形态及用地特性，经过容量预估，结合植被层的滞水作用，增设绿地空间与城市硬质场地的过渡带，通过必要的过渡措施达到控制水速与承接径流的目的。

（3）水质管理。城市雨水夹杂着城市地表污染物流向排水管网及水系，威胁城市的水系生态环境及水源地安全。城市雨水以地表径流的形式通过城市空间、设计物理沉淀设施对雨水进行初步的水质控制。组织城市绿地与水体及硬质场地的雨水通道，在合适的区域设置具有相应容量的城市水环境净化空间，使之成为城市与外部自然环境的过渡设施，从而促进雨水洁净地回归自然，一方面可以减轻市政排水压力；另一方面可以达到雨水净化的目的。

（4）径流路径的组织。雨水径流路径的组织是城市水环境规划设计的核心环节，其需要使水量、水速、水质在城市雨水形成径流过程中达到预期管理的目标。径流路径不仅仅是实体的管道路径，同时也以建筑屋面、路面及绿化等用地汇集形成的径流。组织城市雨水径流形成生态通道，将断裂的城市景观斑块在水的作用下串联成为新型的城市景观廊道，使其成为微生物迁徙的通道。

综上所述，针对雨水管理的共性问题，雨水水量、水质管理、防洪及内涝管理和城市开发对城市水文过程的影响需要综合考虑，并进行科学的雨水管理实践。本书在分析贵州省降雨径流特点的基础上，针对贵安新区特点，从雨水水量管理的角度构建了城市洪涝 SWMM 模型，分析评价了不同设计暴雨情景下、不同低影响开发措施下的综合水文效应，推荐了贵安新区雨水管理实践途径，以期为雨水管理实践提供参考。

1.3 雨洪管理措施

1.3.1 理论起源与定义

雨洪管理措施始于 20 世纪 80 年代中期美国马里兰州的乔治王子郡。当地一位开发商考虑到传统的雨水管理措施中突显出的经济和环境方面的局限性，想通过一种植被滞留与吸收下渗的再生水处理方式来代替传统的雨水最优管理模式（Best Management Practices，BMPs），在该郡环境资源部的协助下，这种生态滞留技术（bioretention technology）得以发展和推广，这是雨洪管理措施的原型（车伍，2014）。

雨洪管理措施是一种以维持或重现场地开发前的水文形态为目的的设计策略，它通过设计技术的应用来创造一种功能性等同的水文景观。随后，美国自然资源保护协会提出：雨洪管理措施是简单有效的雨水管理策略，与其他复杂且昂贵的雨水工程策略不同，雨洪管理措施结合绿地、原生景观、自然水文特性和其他技术来实现已开发用地上地表径流的最小化。随着低影响开发理论的发展与完善，维基百科也对其做出定义：雨洪管理措施是美国和加拿大用来描述土地规划和工程设计中雨水径流管理的方法，雨洪管理措施重视通过保护和利用场地自然特征来保护水质，以小尺度的场地水文控制手段，通过渗透、净化、暂存和保留源头的雨洪径流来重现场地开发前的水文形态（赵晶，2012）。

综上所述，对雨洪管理措施的概念归纳如下：

（1）雨洪管理措施是一种起源于雨水径流控制的设计策略，逐步扩展应用到土地和雨水综合管理方面。

（2）雨洪管理措施以维持或重现场地开发前的水文形态为目的，坚持雨水源头管理的原则。

（3）雨洪管理措施涵盖两个设计方向：雨水径流的最小化和雨水水质的最优化。

（4）雨洪管理措施注重小尺度空间的分散式水文控制手法和生态处理手段。

1.3.2 雨洪管理措施的原则、场地设计策略与技术措施

雨洪管理措施旨在减小净雨和降低径流的污染程度，其原则、设计策略和雨水管理技术措施以及设计过程都是围绕这一目标来模拟或复制场地开发前的水文形态。

1.3.2.1 原则

雨洪管理措施的核心原则主要有以下四点：

（1）以现有的自然生态系统作为土地开发规划的综合框架。首先，要考虑地区和流域范围的环境，明确雨洪管理目标和指标要求；其次，在流域（或次流域）和邻里尺度范围内明确雨洪管理的可行性和局限性，确定和保护环境敏感型的场地资源。

（2）专注于控制雨洪径流。通过更新场地设计策略和使用可透水铺装来实现不可透水铺装面积的最小化，在建筑设计中综合利用绿色屋顶和雨水收集系统，将屋顶用水引入到可透水区域，保护现有树木和景观以保证更大面积的冠幅。

（3）从源头进行雨洪控制。采用分散式地块处理措施和雨水引流措施作为雨洪管理的主要方法；减小排水坡度，延长径流路径并使径流面积最大化；通过开放式的排水来维持自然的径流路线。

（4）创建多功能的景观。将雨洪管理设施综合到其他发展因素中以保护可开发的土地；使用可以净化水质、促进渗透和减小径流峰值的设施；通过景观

设计减小雨水径流和城市热岛效应以达到环境美化的效果。

1.3.2.2 场地设计策略

雨洪管理措施的场地设计策略有四个方向：一是保护场地内重要的水文特性和功能，二是以减少雨水径流为目的进行开发地块的选址与布局，三是减少不可渗透区域，四是采用自然排水系统。在具体应用中，四者之间联系紧密，每个方向的技术策略都有所细分并相互影响，在场地设计应用中应综合考虑。具体策略如下：

（1）保护场地内重要的水文特性和功能。为了保护场地的初始水文特性，在任何类型的场地开发中，都应保护水系和雨水径流的缓冲区（包括季节性的或暂存性的水渠），以保护天然的土壤和植被覆盖的区域不受破坏，维持开发应用的最小化，避免对可渗透土壤的开发，尽可能地保存现有树种和树丛。

（2）以减少雨水径流为目的进行开发地块的选址与布局。合理地进行开发地块的选址和布局是减少雨水径流的主要手段。一是场地设计和建筑、道路、植被等设计要素的布局形式要尊重地形，依据地形现状来确定开发尺度，尽量减少改变地形的设计；二是尽量采用开放空间和集群式的布局形式以减小对场地的使用率；三是利用创新的街道网络设计来减小道路铺装面积，增加可渗透区域；四是减小建筑与道路间的铺装面积。

（3）减少不可渗透区域。减少不可渗透区域是场地开发中最实效的策略之一，通常采用减小道路宽度、建筑和停车场的占地面积，并消除不必要的人行道和车行道等做法，以减少不同种类不可渗透铺装的使用，从而保持和提高场地的可渗透程度。

（4）采用自然排水系统。自然的雨水径流排放是最生态的形式。在场地设计中，首先，尽量打断不可渗透区域的连接性，破碎化的布局形式更容易满足地表水的下渗和自然排放；其次，保护或创建小尺度的地形地貌也可以让雨水的排放形式更加符合自然的排放规律；第三，通过改造地形来适当延长雨水径流的路径，在较长时间的雨水径流过程中实现自然下渗，彻底实现自然式雨水排放。

1.3.2.3 低影响开发的雨水管理技术措施

为了实现场地开发后预期的水文特性指标，雨洪管理措施采用小尺度和分散式技术，美国相关部门和研究机构称之为综合管理技术措施（Integrated Management Practices，IMPs），这种方法将自然环境和地段加以整合，消除了大块场地以管道作为雨水径流终端的需求。常用的雨洪管理措施如下：

（1）雨水收集。雨水收集装置主要分为雨水桶和水箱。雨水桶是成本低和易于维护的滞留装置，适用于住宅和商业、工业低影响开发场地，一般设置于建筑外的下水管附近，以便于收集雨水。水箱是屋顶雨水管理设备，一般设置于建筑内部或地下。

（2）绿色屋顶。绿色屋顶是一种比较生态的屋顶绿化形式，具有暂存和吸收降水、节省建筑能耗、净化降水和空气等功能。绿色屋顶区别于一般的屋顶花园，以草本植被为主，覆盖面积广，建造绿色屋顶材料的选取以满足生态指标为原则。

（3）旱井和屋面落水管分流。旱井是一种小型的可用于控制建筑物屋顶径流的设施，由骨料回填的挖掘坑构成，骨料通常为豆砾石等，流经旱井的雨水进入其他渗透系统。屋面落水管分流是指将原本连接到排水管的下水管在地面处断开，将屋顶雨水引入地面进行自然下渗的做法，一般情况下可以与旱井相连以减少下落雨水对地面的冲刷。

（4）生态滞留池。生态滞留池是一种浅凹陷型的专门进行雨水过滤和暂时存储的栽植池，其材质的保水性极强，池底端与溢流管相连，当存水量达到饱和时，多余雨水可以引流至市政排水管网。这种做法广泛应用于城市道路绿化带、停车场和居住区场地的排水设计中。

（5）植被过滤带。植被过滤带是位于污染源与水体之间的带状植被区域，具有拦截直流泥沙和吸附污染物的作用，其可通过沉降、过滤、稀释、下渗和吸收等过程净化地表径流中的污染物，可有效消减氮、磷等营养盐进入受纳水体，显著降低非点源污染的影响，在防治水体遭受泥沙淤积和面源污染等方面效果显著。

（6）增强型草洼地与草洼地。传统的洼地是仅仅满足简单的排水功能的草地渠道，而增强型草洼地主要具有运输雨水径流并使之远离道路的功能，且通过设计实现最大限度的雨水过滤和下渗。依据此功能，设计人员可以设计此类特殊的草洼地的地形和尺度，以优化各种水文因素方面的性能。草洼地是自然或人工种植的植被带，设计于水体、湿地、林地或易受侵蚀的土壤等敏感区域（一般指易被雨水冲刷的地段）周围。

（7）可渗透铺装。在场地开发中，可渗透铺装是一种通过建造施工技术实现雨水正常下渗的铺装类型。铺装的可渗透性实现了雨水就地下渗的可能性，也缓解了雨水径流流量增加带来的排水压力。

（8）其他技术措施。雨水管理技术措施依据场地特征和技术策略而设定，其措施类型和数量并不固定。例如，雨水径流分流装置通常是一个分流雨水的出口，将集中的径流转换为片流，并将其均匀分散在一个径流区域内以防止土壤侵蚀。其他的技术措施还包括干沼泽和多孔管系统等。

1.3.3　雨洪管理的理论内容与设计过程

1.3.3.1　雨洪管理的理论内容

雨洪管理策略是以模拟或复制场地开发前的水文形态来保护受纳水体环

境、提供技术改善措施并维护其生态完整性，通过工程设计充分发挥环境敏感型场地的潜力，降低雨水基础设施的建设和维护费用，为雨洪管理引进新概念、技术及目标。基于以上目的，雨洪管理可从场地规划策略与技术、水文分析评估策略以及综合管理策略三个方面进行。

（1）场地规划策略与技术。场地规划策略与技术可实现雨洪管理的目标，促进场地规划的发展，维持场地的水文功能，是一种经济有效的雨洪管理控制措施。其中，水文方面的目标应该尽早地纳入雨洪管理的场地规划过程中来。具体规划过程如下：首先要确定场地范围适用的上位规划（区域规划、土地利用规划及其他地方性法规等），并根据上位规划来定义发展区域，以水文数据作为设计指标来确定最小化设计场地中的不适水区域，初步整合场地布局；其次以最小化设计的方式来连接不透水区域，修改或增加雨水径流的路径以实现雨水的最大渗透量；最后对场地规划前后进行水文特性方面的对比，并完善和完成雨洪管理的场地规划策略。

（2）水文分析评估策略。保存或恢复流域的水文功能是雨洪管理的基本前提，为了规划和场地设计的效益最大化，对水文原则的考虑在场地开发的任何阶段都是必要的，对自然的或开发前的场地水文特性的复制不仅可以降低对下游雨水的影响，也有利于控制和减少局部性的影响。

水文分析的目的是维持场地原水文特性而明确雨洪管理控制的级别，为了保持场地开发前的水文特性，可以使用或组合使用各种雨洪管理措施。例如，减少或最小化不透水地面；断开不可避免的不透水表面；保存或保护环境敏感的场地特征；维持或延长汇流时间；不透水表面分洪等。经过场地设计阶段，便可以使用各种方法和分析技术执行水文评估，一般步骤有：①划分流域和次流域；②确定雨洪设计参数；③选取建模技术；④编辑开发前数据信息；⑤开发前场地状况评估和开发基准评估；⑥评估场地规划优势并与开发基准进行比较；⑦评估综合管理；⑧评估补充需求。

（3）综合管理策略。为了实现场地开发预期的水文指标，低影响开发采用小尺度和分散的设计管理方法，称为综合管理策略。这种方法将自然环境和地段加以整合，消除了大块场地以管道作为雨水径流终端的需求。常用的综合管理策略有：①存储和过滤雨水的生态滞留池；②削减建筑物屋顶雨水径流冲刷的旱井；③在污染物源区和下游受纳水体间起导流和净化作用的过滤带；④栽植于易受侵蚀的敏感区域周围的植被过滤带；⑤防止径流量过大引起水土流失的分流装置；⑥引导雨水径流离开路面的草洼地及起储存及再利用作用的雨水桶和水箱。以上策略在不同的场地环境中的应用应因地制宜，综合选用。

1.3.3.2 雨洪管理的设计过程

雨洪管理的设计过程如下：

（1）定义环境设计标准。在场地开发初期，需要根据场地特征和开发意向等因素来选择定义场地环境中的设计标准，这些标准可以作为该场地开发的基本原则。场地的唯一性也决定了其环境设计标准的唯一性，但是所有的环境设计标准都是为了满足以下条件：①保护和维持地下水和基本径流的特性；②预防径流路径（或河道）中发生较大的地貌变化；③防止洪涝潜在风险的增加；④保护水质；⑤保持适当的水生生物的多样性以及人类利用的机会。

（2）筛选潜在的设计策略和技术措施。设计策略和技术措施的筛选以地形和场地开发需求为基础。设计策略的选取应该满足低影响开发原则，因地制宜地确定场地设计意向，为雨洪管理技术措施的选择在空间和技术上提供最大可能性。技术措施的选取需要量化空间尺度，结合场地的气候、植被、施工技术及材料等因素来综合确定。

（3）雨洪管理技术措施模拟。为评估筛选场地设计策略以及确定雨水管理技术措施能否有效地满足设计标准，利用水文模型或者电子表格模型对一系列的雨水管理技术措施进行模拟验证是一个重要的步骤。模型的选择根据土地开发的规模和类型有所不同，如 Visual OTTHYMO、SWMM、HSPF、QUAL-HYMO 等应用广泛的雨水管理模型都可以选用。

（4）技术措施的效益评估。一旦雨洪管理技术措施被选定，经过模型模拟，便可进行模拟结果和设计标准的比较。模拟可以预判不同雨洪管理技术措施的实效性并对其进行相应的优化校正和二次设计，其中包括调整设计参数、添加或删除某种技术措施，直至满足设计标准。此后，项目进入详细规划设计阶段。

综上所述，雨洪管理起源于解决雨水径流问题，然后逐步扩展应用到土地和雨洪综合管理的理论体系，体现了尊重生态（尤其是水文特性）和雨水源头管理的理念。通过雨洪管理，降低场地范围内的雨水径流量并缓解内涝压力，水质也得以提升，这种分散式的小尺度空间的技术措施为解决我国城市雨水问题提供了借鉴。

1.4 海绵城市

1.4.1 海绵城市概念及发展

1.4.1.1 海绵城市

海绵城市的概念源于行业内和学术界将城市或土地比喻成海绵，可适时地吸收水分和释放水分，使城市具有雨涝调蓄能力，从这个角度上看，海绵城市是一种新型的城市雨水管理概念。2014 年 10 月，住建部颁布《海绵城市建设技术指南—低影响开发雨水系统构建（试行）》（建城函〔2014〕275号），其中对海绵城市的概念进行明确定义：指城市能够像海绵一样，在适应环境变化和应对自然灾害等方面具有良好的"弹性"，下雨时吸水、蓄水、渗水、净水，需要时将蓄存的水"释放"并加以利用，海绵城市建设遵循生态优先等原则，将自然途径与人工措施相结合，在确保城市排水防涝安全的前提下，最大限度地实现雨水在城市区域的积存、渗透和净化，促进雨水资源的利用和生态环境保护。

1.4.1.2 海绵城市的发展脉络

在2013年12月举行的中央城镇化工作会议上，党和国家领导人提出"要建设自然积存、自然渗透、自然净化的海绵城市"的重要理念，海绵城市这一概念被首次提出。海绵城市最初以低影响开发的雨洪管理理念为参考，后来扩展到在区域、城市、街区、场地等不同尺度的空间里，系统性地解决城市雨洪内涝问题，从而改善城市水环境。海绵城市秉承的雨洪管理理念可概括为"渗、滞、蓄、净、用、排"，这些理念在改变传统雨水排放模式、提高城市自然蓄水排水的能力、运用生态途径解决城市水环境问题等方面进行了不同程度的探索，使得海绵城市的理论框架逐渐建构起来。在这样的背景和基础上，住建部于2014年10月颁布了《海绵城市建设技术指南》，明确了海绵城市概念及其基本内涵，奠定了海绵城市的理论基础。随后，住建部对海绵城市建设的基本概念、综合目标、系统构成、总量控制等进行了进一步地深入解读，海绵城市理论体系日趋完善。2015—2016年，先后确立30个城市进行试点，拉开了中国海绵城市建设的大幕。

1.4.2 海绵城市理论提出的背景

我国城市水环境存在着雨水污染、洪涝灾害、水资源匮乏等问题。从自然客观角度来看，我国的地理环境和气候特征决定了暴雨、洪涝、干旱等灾害并存；从城市发展的层面上看，城市化进程的不断加快改变了地表的自然格局和城市上空的降水规律，水循环过程也随之发生变化；从城市水环境治理的角度来看，传统的雨水资源管理理念和技术措施都存在着不足，从雨水资源的源头、中间环节到末端整个过程，无法真正实现对雨水资源的绿色、可持续的综合管理与利用。因此，需要转变治理理念，改进技术措施，将单一的治理方式转换成对城市水环境的综合全面的治理体系。总体来看，海绵城市理念的发展，从以解决雨洪内涝问题为目的的单一治理，逐渐发展到对整个城市水环境的综合治理。随着对城市雨洪管理问题认识的持续深入以及治理思路的日渐成熟，海绵城市的理念不断得以深化和完善。

1.4.3 海绵城市的理论内涵

海绵城市概念的深层内涵，具体包括以下三个方面：

（1）海绵城市面对洪涝或者干旱时能灵活应对并缓解水环境危机，体现弹性城市应对自然灾害的思想。所谓弹性城市，是指城市能够及时、准确地对灾害作出反应并能够从灾害中恢复，将自然灾害对公共安全及经济损失的影响降到最低的理念。弹性城市系统能够吸收干扰，在被改变和重组之后仍能保持自身特征，同时从干扰中总结学习和提升自身的能力。

（2）海绵城市要求保持开发前后的水文特征基本不变，并通过低影响开发的思路和相关技术实现。从水文循环角度来看，主要从源头、中途、末端采取控制手段，尽量实现场地开发前后水文特征不变，需要源头多面滞留吸纳，中途多线引导和末端多点蓄积，以达到良好的水文循环。低影响开发系统是海绵城市实现低开发强度及雨洪控制的核心思想及手段。

（3）海绵城市要求保护水生态环境，将雨水作为资源合理储存起来，以缓解城市缺水之需，体现了对水环境及雨水资源可持续的综合管理思想。在生态理念层面，海绵城市坚持生态优先原则，开发建设应保护现有水生态敏感区，合理地控制开发强度，选择低影响开发技术生态措施，维持可持续的水生态循环功能。从雨水资源的利用方面来看，海绵城市强调雨水的渗透、调蓄、净化和利用，是一个综合的系统。海绵城市的建设，可以最大限度地降低对城市原有水生态环境的破坏，并实现雨水资源的有效利用，一定程度上缓解我国城市用水短缺的问题。由此可见，区别于传统单一的城市雨洪管理思路，海绵城市理念强调水生态系统保护和雨水资源化利用，这种生态综合管理思路体现了城市水生态环境可持续发展的思想。

1.4.4 建设海绵城市的途径及策略

1.4.4.1 海绵城市的建设途径

海绵城市的建设途径主要包括城市原有生态系统的保护、生态恢复和修复、低影响开发三个方面。首先，通过绿色屋顶、下凹式绿地、雨水花园、植被浅沟、绿色街道、生态湿地、透水铺装、雨水调蓄池等雨水管理措施，强化雨水的积存、渗透和净化；其次，保护现有河网水系、湿地、绿地等城市雨洪滞纳区；最后，对城市建设中已遭到破坏的区域，采用生态手段尽可能地恢复，从而提升城市滞纳雨洪的能力。

1.4.4.2 海绵城市的实施策略

基于海绵城市构建的三个方面，需要对海绵城市进行有层次、有系统的规划，可以从区域水生态系统和城市规划区两个层次实施具体的策略。

1. 区域水生态系统的保护与修复

（1）识别生态斑块。一般来说，城市周边的生态斑块按地貌特征可分为三类：第一类是森林草甸，第二类是河流湖泊和湿地或者水源的涵养区，第三类是农田和原野。各斑块内的结构特征并非具有单一类型，大多呈混合交融的状态。生态斑块按功能可分为重要生物栖息地、珍稀动植物保护区、自然遗产及景观资源分布区、地质灾害风险识别区和水资源保护区等。凡是对地表径流产生重大影响的自然斑块和自然水系，均可纳入水资源生态斑块，对影响最大的斑块加以识别和保护。

（2）构建生态廊道。生态廊道起到联系或区别各生态斑块的功能。对各斑块与廊道进行综合评价与优化，使分散的、破碎的斑块有机地联系在一起，成为更具规模和多样性的生物栖息地和水生态、水资源涵养区，为生物迁徙、水资源调节提供必要的通道和网络。构建生态廊道涉及水文条件的保持和水的循环利用，其中主要技术包括调峰和污染控制。

（3）划定规划区的蓝线与绿线。蓝线一般称为河道蓝线，即城市各级河道、渠道用地规划控制线，包括河道水体的宽度、两侧绿化带以及清淤路；绿线是指城市各类绿地范围的控制线，主要包括公共绿地、居住绿地、防护绿地、生产绿地、其他绿地等范围控制线。实施蓝线和绿线控制，保护重要的坑塘、湿地、园林等水生态敏感地区，维持其涵养性能。同时，在城乡规划建设过程中，实现城乡建设与自然环境的和谐并存，人与自然和谐共处，这也是保障可持续发展的重要手段。

（4）水生态环境的修复。水生态环境的修复立足于净化原有的水体，通过截污、疏浚底泥、构建人工湿地、生态砌岸和培育水生物种等技术手段，提升自净能力，将劣Ⅴ类水提升到具有一定自净能力的Ⅳ类水水平，或将Ⅳ类水提升到Ⅲ类水水平。

（5）建设人工湿地。湿地是城市之肾，保护自然湿地，因地制宜地建设人工湿地，对维护城市生态环境具有重要意义。

2. 城市规划区海绵城市设计与改造

城市规划区海绵城市的建设可以分为以下三个层次：

第一层次是城市总体规划。要强调自然水文条件的保护、自然斑块的利用、紧凑式的开发等策略。还必须因地制宜确定城市年径流总量控制率等控制目标，明确城市低影响开发的实施策略、原则和重点实施区域，并将有关要求和内容纳入城市水系、排水防涝、绿地系统、道路交通等相关专项或专业规划。

第二层次是专项规划。包括城市水系、绿色建筑、绿地系统、道路与交通等基础设施专项规划。其中，城市水系规划涉及供水、节水、污水（再生利用)、排水(防涝)、蓝线等要素。绿色建筑方面,由于节水系统占了较大比重,绿色建筑也被称为海绵建筑,并把绿色建筑的实施纳入海绵城市发展战略中,城市绿地系统规划应在满足生态、景观、游憩等绿地基本功能的前提下,合理地预留空间,并为丰富生物种类创造条件,对绿地自身及周边硬化区域的净雨径流进行渗透、调蓄、净化,并与城市雨水管渠系统、超标雨水径流排放系统相衔接。道路与交通专项规划,要协调道路红线内外用地空间布局,利用不同等级道路的绿化带、车行道、人行道和停车场建设净雨滞留设施,实现道路低影响开发控制目标。

第三层次是控制性详细规划。分解和细化城市总体规划及相关专项规划提出的低影响开发控制目标及要求,提出各地块的低影响开发控制指标,统筹协调、系统设计和建设各类低影响开发设施。通过详细规划,实现指标控制、布局控制、实施要求、时间控制这几个环节的紧密协同,同时还可以把顶层设计和具体项目的建设运行管理结合在一起。

1.4.5 中国海绵城市的建设现状

我国城市雨水控制技术起步于 20 世纪 80 年代,初期主要集中在雨水利用,近年来雨水控制技术重心逐渐转向雨洪调控及污染控制。《国务院关于加强城市基础设施建设的意见》(国发〔2013〕36 号)中明确提出,应建设下沉式绿地及城市湿地公园,提升城市绿地汇聚雨水、蓄洪排涝、补充地下水、净化生态等功能。发达城市区域率先做出了一些探索,例如,深圳市光明新区、北京市顺义某住宅小区、上海市世博会区等开展了城市区低影响开发雨水系统建设项目。但是目前关于海绵城市技术的实践主要是通过湿地、潜流湿地等手段进行局部雨水收集和水体净化,缺乏明确的整体规划和系统性设计。住建部于 2014 年发布了《海绵城市建设技术指南低影响开发雨水系统构建(试行)》,从目标、指标、过程、手段、管理方面系统性地给出建设指南,对我国海绵城市的构建起到指引作用。其后,财政部陆续发布《关于开展中央财政支持海绵城市建设试点工作的通知》(财办建〔2014〕838 号)、《关于组织申报 2015 年海绵城市建设试点城市的通知》(财办建〔2015〕4 号),海绵城市的试点城市规模不断扩大。

与此同时,从部分试点城市的实施方案、实施计划与近期工作进展来看,存在对海绵城市的内涵、低影响开发雨水系统与排水防涝、径流总量及径流污染控制等基本概念和关系的认识偏差。一方面,狭义雨水管理措施的功能和适用范畴被有些人曲解或夸大。绿色雨水基础设施和传统灰色基础设施的关系没有得到合理处理。从客观上看,已建城市条件错综复杂,务实有效、可持续的排水系统解决方案很难简单地依赖单一的灰色或绿色设施。在已建城区的改造工作中，绿色雨水基础设施受绿地率、管网条件及地面竖向关系等因素的限制，雨水管理措施的实行与场地现状存在着不协调的现象。另一方面，排水防涝与海绵城市的关系也亟待明晰。如在一些城市申报的实施方案中，将海绵城市的建设内容狭义地局限于低影响开发分散式设施，而忽视了一系列综合方案和设施的建设，如多功能调蓄公园、管网提标改造、合流制区域内涝和污染控制等。

总体上来看，海绵城市建设还处于探索阶段，新的理念和管理体系还在形成之中。在不同地域、新老城区、城市各类绿地及城市各项基础设施之中，建设海绵城市的标准都会有所不同，考虑场地现状，制定合理的技术指标，协调场地之间的建设关系，将其纳入海绵城市建设系统规划。

1.4.6　有争议的海绵城市

随着城市雨洪内涝问题的不断出现，传统的城市雨洪管理系统的弊端日益显露，城市的发展模式亟须转型，相对于传统的市政雨水管理系统，海绵城市雨洪管理理念具有优势，这也是未来转变的趋势。

从传统的市政雨水管理系统到海绵城市的转型，是一个长期而艰巨的系统工程。在这个转型过程中，从外部的影响因素来看，传统的雨水管理格局制约着海绵城市系统性建设，场地条件也极为复杂，相关的法规政策不够完善，配套的市政设施管理不到位等，这些给海绵城市发展带来了很大挑战。从海绵城市自身发展因素来看，许多地方对海绵城市理念的认知还比较模糊，在工程实践措施上也存在着许多误区，这些因素令海绵城市的自身发展充满着不确定性。上述问题一方面反映了海绵城市建设中遇到的困难以及自身的不足，另一方面也表明海绵城市的建设发展还有很大的调整和上升空间。

对于海绵城市的未来发展，应从深层内涵的解读和认知做起，研究符合我国不同地域特色的具体实施策略和规范标准，以促进该理论体系的完善和成熟。可从规划理念和技术措施两方面对海绵城市的发展提出以下建议：

（1）规划理念层面：加强各专业和部门协作，科学分析水文特征，坚持生态优先，将其并入低碳城市、生态城市、智慧城市的城市发展理念。

（2）技术措施层面：各地区应从自身客观条件出发，制定符合地域条件和要求的专用技术指南，避免照搬模式。

1.5　研究内容

喀斯特地区水文地质结构独特，旱涝灾害频发。城市内涝是中国城市化进程加快所带来的重大隐患，给城市带来了不同程度的负面影响，面对频繁发生的旱涝灾害，喀斯特地区需提升对环境变化和自然灾害的适应能力。喀斯特地区城市内涝问题所带来的损失更为严重，为了提高喀斯特地区城市的雨水资源利用效率，让城市能够灵活适应各种水环境危机，研究喀斯特地区海绵城市雨洪控制技术是十分必要的，本书的研究内容及技术路线见图1.1。

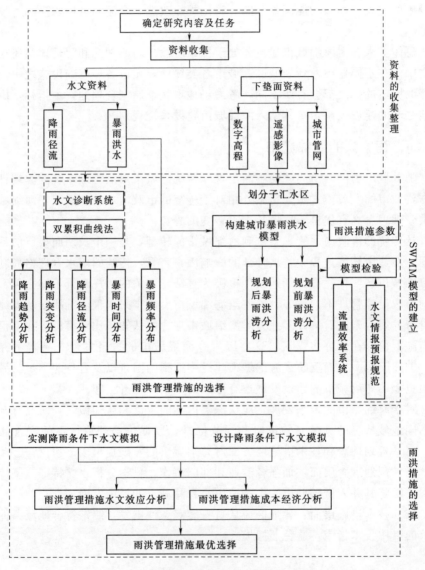

图 1.1　技术路线图

2

城 市 内 涝

2.1 城市内涝现状

随着城市化进程加快和气候变化的影响，我国城市内涝呈现以下特点：

（1）近年来城市内涝频发。根据我国住建部 2010 年对 32 个省（自治区、直辖市）351 个城市的内涝情况调研（谢映霞，2013）：自 2008 年，有 213 个城市发生过不同程度的积水内涝，占调查城市的 61％；内涝灾害一年超过 3 次的城市有 137 个，甚至涉及西安、沈阳等北方城市。内涝灾害最大积水深度超过 50mm 的城市占 74.6％，积水深度超过 15mm 的城市超过 90％；积水时间超过 0.5 小时的城市占 78.9％，其中有 57 个城市的最大积水时间超过 12 小时（见表 2.1）。另外，从 2013 年南宁、广州、成都、武汉等地先后发生的城市内涝事件来看，城市内涝情况呈现明显的上升趋势。

表 2.1　　　　　　2008—2013 年中国 351 个城市内涝的基本情况

内涝	事件数量/件			最大积水深度/mm			持续时间/h			
	1～2	≥3	小计	15～20	≥50	小计	0.5～1	2～12	≥12	小计
城市数量/个	262	137	399	58	262	320	20	200	57	277
城市比例/％	22	39	61	16.5	74.6	91.1	5.7	57	16.2	78.9

（2）设计重现期内的内涝事件频发。由于雨水排放系统的综合性和系统性，设计重现期内的降雨也会导致某些地段的管道漏水。以 2011 年 6 月 23 日发生的北京城市内涝为例，根据北京市人民政府防汛抗旱指挥部办公室 6 月 24 日发布的降雨量统计数据，北京市平均降雨量为 50mm，主城区降雨量为 67mm，未达到 0.5 年一遇，但全市交通基本瘫痪，经济损失巨大，导致了 2 人丧生。

（3）滞水点（区）技术改造的难度大，内涝复现率高。城市内涝发生在地

15

势低洼和下凹式立交桥等地段，按照常规的增加泵站流量和增大地下存储池容量来进行技术改造，工程量巨大且施工难度大，建设经费高，对交通的负面影响严重，导致该类型地段逢雨易涝的发生。

2.2　城市内涝问题的影响

2.2.1　直接影响

（1）交通方面。城市内涝对交通的影响最为直接。以 2011 年武汉"6·18"大暴雨为例：据武汉中心气象台降雨量实况统计，武汉 24 小时降雨量达到 193.4mm，相当于 15 个东湖的水量。长达 20 小时的降雨，让武汉中心城区变成了一片汪洋，82 处路段出现积水，解放大道等主干道几乎瘫痪。

（2）经济方面。城市空间多以立体开发为主，地下室、地下停车场、下凹式立交通道大量修建，一旦进水积涝，损失巨大。以 2012 年北京"7·21"特大暴雨为例：全市平均降雨量为 170mm，城区平均降雨量为 215mm。其中，暴雨中心房山区河北镇 24h 降雨量达 541mm，最大小时雨量为 95mm。中心城区 63 处主要道路因积水导致交通中断，全市受灾人口 119.28 万人，因洪涝灾害造成的直接经济损失约 118.35 亿元。

（3）人身安全影响。城市内涝对人身安全造成威胁的事件时有发生，例如行人滑倒、摔伤或交通事故。最引人关注的"长沙女孩跌落下水道丧命事件"便是最具代表性的案例。近年因城市内涝而引发的悲剧接连发生，并且我国很多城市排水系统沿用苏联设计，重排不重蓄，容易造成瞬间洪峰并形成内涝，一旦暴雨来临，脆弱的排水体系不堪重负，存在安全隐患。

2.2.2　间接影响

城市内涝对城市的影响除了最直接的交通影响、经济影响和人身安全影响外，也会带来诸多间接影响，如对城市生态环境的影响、对地下水质的影响等。现代城市经济类型的多元化及资产的高密集性使城市的综合承灾能力脆弱，即使在同等致灾条件下，其损失总量必然增大。同时，以城市交通、商贸活动等为主体的城市命脉系统因灾中断，对城市工业、商业、服务业及对外贸易等产生了较大的二次影响，受灾间接经济损失比例不断上升。

2.3　城市内涝的直接原因

城市内涝的发生受多种因素影响，涉及行政制度、规划设计方法、建设施工质量、市政排水管道维护管理以及行业法规条例的完善程度等，这些都是间接或潜在的综合性要素，不是直接导致城市内涝的根本。从我国几十年来的城市化进程来看，大、中城市均出现了不同程度的城市内涝。城市形态的演变（尤其是城市下垫面形态的演变）与城市内涝具有密切的关系。另外，排蓄雨水径流的技术措施和能力也直接影响了发生城市内涝的可能性。

2.3.1　湖泊挤占调蓄洪涝能力降低

城市化速度的加快，导致城市下垫面发生重大改变，城市建设挤占河道和湖泊、地面硬化范围增大，加重城市洪涝程度。由于缺乏防洪总体规划意识，且过分注重本地区、本部门利益，在中下游堤防建设中，挤占行洪河道的现象频繁发生，填湖造地等城市建设行为使城市内河湖大面积萎缩，陆面塘堰和湿地面积减小，从而导致天然蓄水空间减少。围湖造田，湖泊被大面积挤占，致使蓄洪能力大大降低。一些地区河道两岸河床围垦种植，甚至挤占河道建房、设厂，泄洪能力必然降低。在雨水集中的季节，江河水位上升抬高，逢大雨必涝。

以武汉市为例，武汉市水务局的调查数据显示，有"百湖之市"之称的武汉市湖泊退化，近几十年来湖泊面积减少了 $228.9 km^2$，50 年来有近 100 个湖泊消失，中心城区现仅存 38 个湖泊，且仍面临继续被侵占的危险。虽然低洼地带的湖泊容易发生内涝，但湖泊本身也可作为调蓄洪水的空间。武汉众多的湖泊，拥有很大的调蓄洪水的潜力，如果利用得当，完全可以更好地发挥其积极作用。

2.3.2　可渗透地表面积减小

随着中国城市化进程的加快同一地块中的建筑密度和容积率都按照控制性指标的最大峰值来进行建设。另外，开发强度的加大还表现在铺装面积比率、地下停车场面积等不可控指标的加大，这就导致在同种类型的城市开发地块中，自然透水面积降低，存蓄雨水的能力下降，地块的综合径流系数随之变大，雨水径流总量骤增。若城市建设中同一类型的每一地块都以控制性详细规划中的峰值进行开发，那么整个城市的综合径流系数必然增大，城市内涝出现的概率将会保持在最高点。另外，城市开发导致城市水系和湖泊面积不断萎缩，致使城市雨水的自然吸收和调蓄能力减弱或丧失，这是我国很多城市发生内涝的直接原因之一。

2.3.3　市政排水系统和排水技术措施的落后

与诸多发达国家采用的大排水系统不同，我国城市的雨水排放系统一般

17

采用的是小系统，雨水在地面汇集成径流后通过排水口汇到排水管道的支管中，再经过支管汇集到城市排水干管中，干管中的雨水通过抽排或其他方式连接到自然水系中以实现城市雨水的排放。这种小排水系统主要针对城市常见雨情，设计暴雨重现期一般为 2～10 年一遇，通过常规的雨水管渠系统收集排放；而对超过 10 年一遇或更大的降雨，这种排水技术不能满足要求。我国城市也极少采用绿色屋顶、绿色道路、雨水花园、透水铺装等低影响开发雨水排放综合技术措施（LID IMPs），这导致场地几乎丧失了对雨水的存蓄和错峰排水的能力，雨水径流以最短时间形成并直接排向管道，不均匀且偏大的雨水径流量很容易超出排水管道的最大负荷，这是我国城市排水系统的一个缺陷。

2.3.4 地形、地势对排蓄能力的影响

城市建设用地不断增多，绿化用地不断减少，造成雨水排放地形地势的变化：一是项目建设和城市改造引起原地块竖向数据的改变，甚至改变了原有分水线的位置和地块间排水方向，导致现有排水系统汇水面积变化，从而引起雨水径流量分布不合理，造成局部雨水内涝；二是我国城市绿化系统（道路绿化、居住区绿化、城市公共绿地等）的施工建设主要考虑绿地的景观功能和休闲空间，一定程度上忽视了绿地地形、地势的变化对存蓄雨水径流和减少雨水排放方面的作用，由此造成的情况是开发后城市绿地的高程基本都高于城市道路和广场等其他用地类型，导致暂存和储蓄雨水的能力减弱。

2.3.5 城市雨水管网扩展影响雨水排放的速度

在城市排水泵站位置相对固定的情况下，建成区的过度拓展延伸了市政排水管道的长度。排水管道的无限延伸和排水站点的不均衡布局导致了排水时间延长和难度加剧（柳笛，2009）。另外，排水管道长度与排水的阻力呈正相关，在雨水径流量相同的情况下，长短管道排水时间差就是城市内涝的滞水时长。即使在计算暴雨强度时对管道长度有所考量，但在城市排水基础设施规划建设滞后的区域，排水时长严重影响了排水管网的通透性，导致排水不及时。在城市发展过程中，过长的排水管道布局严重影响雨水排放能力，加大城市内涝的概率。另外，在城市规划初期，没有纳入城市水排放系统的区域，随着区域开发和建设，需就近纳入城市排水系统，增加了既有排水系统的汇水面积，改变初期城市规划的水系统负荷，出现按照原来场地分水线设计的排水能力不足的问题，导致城市区域性内涝。

2.4 城市内涝的间接原因

城市内涝是系统性的综合问题，每个与城市雨水相关的环节和因素都可能是影响城市内涝的因素，影响因素可以分为两类：一类是自然因素；另一类是人文因素。自然因素包含城市气候条件因素和地理条件因素（包括城市水文地质、土壤、地形地貌等）；人文因素包含城市排水规划理念与相关行政法规政策体系、用水排放规划设计方法、市政排水基础设施建设质量、排水基础设施维护管理以及各个环节之间的协调等。人文因素可以抽象为"理念—法规体系—规划体系—技术方法—管理维护"的运行过程。自然因素是城市开发建设的先决条件，气候、水文等自然因素不具备人为调控的条件，所以对于城市内涝成因的分析侧重于人文因素方面，分别从设计规划、建设施工以及管理维护等方面进行综合分析解读；从城市建成区扩展、可渗透地表和排蓄水技术等方面分析雨水内涝的直接原因。

2.4.1 设计规划

从市政排水的实际操作层面出发，城市排水方面的规划与设计是分析城市内涝原因的首要环节。本书从城市总体规划（总规）、城市控制性详细规划（控规）、城市雨水控制专项规划、排水规划和地表雨水排放设计五个方面入手，探讨我国城市内涝问题在规划设计层面的体现。

（1）城市总体规划（总规）的模糊性。根据我国《城市规划编制办法》第四章第一节的城市总体规划的编制内容，有关雨洪管理或排水方面的规定如下：

1）市域城镇体系规划内容的第五款：确定市域交通发展策略；原则确定市域交通、通信、能源、供水、排水、防洪、垃圾处理等重大基础设施，重要社会服务设施，危险品生产储存设施布局。

2）中心城区规划内容的第十、十三、十五款：①确定绿地系统的发展目标及总体布局，划定各种功能绿地的保护范围（绿线），划定河湖水面的保护范围（蓝线），确定岸线使用原则。②确定电信、供水、排水、供电、燃气、供暖、环卫发展目标及重大设计总体布局。③确定综合防灾与公共安全保障体系，提出防洪、消防、人防、抗震、地质灾害防护等规划原则和建设方针。

3）城市总体规划的强制性内容的第七款：城市防灾工程。包括：城市防洪标准、防洪堤走向；城市抗震与消防疏散通道；城市人防设施布局；地质灾害防护规定。

4）城市总体规划应当明确综合交通、环境保护、商业网点、医疗卫生、绿地系统、河湖水系、历史文化名城保护、地下空间、基础设施、综合防灾等

19

专项规划的原则。

依据上述法规，与城市雨水排放方面相关的内容有：排水基础设施的布局，蓝线的确定，防洪的规划原则和建设方针，城市防洪标准，基础设施专项规划的原则。城市总体规划中并未涉及排水规划的方法，也并未涉及排水、道路、用地等内容的权重和次序，依据常规做法，排水管道沿道路铺设导致了雨水的排放空间被限制在因用地规划和交通规划所分割而成的汇水区中。其产生的结果是：在假设降雨量和径流系数等参数不变的情况下，雨水径流量的大小取决于道路围合成的"汇水单元"的面积大小，面积越大，雨水径流量就越大，对排水管道造成的排水压力就越大；如果该"汇水单元"中的综合径流系数因硬化工程的增多而不断增大，那么一次性施工成型的排水管网的排水能力就相对增大，内涝的概率也随之增大。所以，我国城市先行的总规编制过程中往往忽略了城市下垫面变化对城市排水造成的影响，从而降低了对排水系统的要求；"重交通规划和用地规划而轻其他市政规划"的常规做法也是不可取的。

（2）城市控制性详细规划（控规）。根据《城市规划编制办法》（2005版）中的第四章第四节第四十一条控制性详细规划中有关雨水管理和排水方面的相关规定如下：

1）确定规划范围内不同性质用地的界线，确定各类用地内适建、不适建或者有条件地允许建设的建筑类型。

2）确定各地块建筑高度、建筑密度、容积率、绿地率等控制指标；确定公共设施配套要求、交通出入口方位、停车泊位、建筑后退红线距高等要求。

3）提出各地块的建筑体量、体型、色彩等城市设计指导原则。

4）根据交通需求分析、确定地块出入口位置、停车泊位、公共交通场站用地范围和站点位置、步行交通以及其他交通设施。规定各级道路的红线、断面、交叉口形式及渠化措施、控制点坐标和标高。

5）根据规划建设容量，确定市政工程管线位置、管径和工程设施的用地界线，进行管线综合。确定地下空间开发利用具体要求。

6）制定相应的土地使用与建筑管理规定。

依据以上法规，我国《城市控制性详细规划》和《城市排水工程规划规范》（GB 50318—2017）存在以下与雨水方面有关的指标：绿地率、排水管网的布局和管径（其中起作用的一个重要指标是暴雨重现期）、道路标高。绿地率决定了地块中调蓄雨水和雨水下渗能力；排水管网的布局决定了雨水在管道中排放的距离和时间；暴雨重现期直接决定了排水管网的管径；道路标高在很大程度上决定了汇水区的边界和面积，也间接决定了临近汇水区内雨水径流的生成量。我国暴雨重现期的指标偏低导致排水管径标准偏小，也决定了管道排水能力的上限值；再者，建设方在以节省成本为基本原则的情况下，排水管道一般无法参考暴雨重现期的最大值进行雨水排放量的推算。所以，暴雨重现期指标的偏低约束了市政排水管网的排水能力，排水的最大值被控制在了一个相对较小的区间内。另外，排水管道的布局形式为沿路布局，给灵活的排水设计设定了瓶颈，以控制性规划确定的排水管网长度不一定是最有利于雨水的排放方式。

在控制性指标体系的编制过程中，除了排水管网的布局和管径外，其余指标的选取并没有考虑到城市雨水排放的需求，导致在地块开发后，地块的蓄水和下渗能力都大大减弱，增加了地表径流量，给城市排水系统带来不可控的排水压力。以绿化率指标来讲，地块开发中控制住了绿化率并不代表保证了原地块的调蓄能力。另外，竖向指标的设计很有可能改变地块内和相邻地块间的汇水面，改变了径流的原有汇水特性。控制性指标体系的不完备还表现在对地块开发中的雨水回收利用率、地块雨水径流增量以及下渗率等指标的缺失。这种与雨水排放息息相关的指标的失控大大增加了雨水内涝的可能性。

（3）城市雨水控制专项规划。依据我国现行的规划体系，与雨水内涝和洪水问题的相关规划分为两种：一种是雨水（排水）工程规划；另一种是防洪规划。这两种规划相互独立，分别编制，两者内容相互渗透，互有交叠。从属性上讲，雨水（排水）工程规划侧重排水管道的布局，防洪规划侧重城市所处水系流域的洪水综合防治；但在面对和解决雨水径流污染、洪涝灾害、水资源短缺、地下水位下降等突出问题时，两者便难以协调。国内外长期的研究和工程经验已经证明，靠单一目标的传统排水规划、防洪规划和过于宏大、笼统的环境保护规划都难以解决城市雨洪问题。因此，在高速城市化的发展进程中，内涝引起的问题需要一种综合性的、多目标的专项规划为其提供指引。这种规划便是城市雨洪控制专项规划。"城市雨洪控制专项规划"是北京建筑工程学院环境与能源工程学院车伍教授于 2013 年 1 月的《中国给水排水》期刊论文《中国城市规划体系中的雨洪控制利用专项规划》中提出。目前，面对气候变化等因素引起的一系列雨洪问题，行业内尚未形成统一的做法，专项规划在整个城市规划体系中处于缺位状态，反观欧美很多国家，在雨洪控制专项规划方面已经取得了很多成果。例如，美国的 LEED 标准（Leadership in Energy and Environment Design），通过可持续的场地和水资源有效利用等方面来量化约束雨水的处理过程等。当然，面对雨水内涝等诸多问题的发生，一些城市也编制了雨水利用规划，但是这些规划并未与城市总体规划同步，并且相对独立于排水工程规划和防洪规划，导致原本相互密切关联的子系统间彼此分离，甚至相互矛盾。另外，这些应急编制的雨洪利用规划沿用了以管道排水解决城市内涝的思路，并未在减少雨水径流、控制径流污染和雨水资源利用方面提出合理、可行的规划方法和内容。

（4）排水规划。查阅我国给水排水设计手册的编制历史可知：作为排水规划核心内容的暴雨强度公式，大多是由 30 年前甚至更久远的降雨资料推导得出。由于采集这些资料的年份较少，计算方式较为原始，在计算的精确性上可能存在偏差。另外，不同地区气象数据的复杂性也给暴雨强度公式的修订带来了很大难度，所以排水规划一直沿用传统暴雨强度计算方式。

我国城市排水规划一般有三种形式：一是在城市控制性详细规划中的市政工程管线规划；二是城市给排水专项规划；三是排水工程修建性详细规划。这三种规划形式是城市总体规划的下位规划。其排水工程管线布局以道路规划和土地利用规划为基础。城市总体规划中确定了城市的道路布局、用地布局和重要排水干管的布局（大多数情况下，道路布局和用地布局先被确定下来），并且城市排水干管沿城市道路进行布局。城市被分割成由城市排水干管和道路合成的汇水区，排水规划设计便演化成汇水区径流量的计算；排水规划变成了确定汇水区内的管道布局、相关参数（以管径、高程、坡度等参数为主）和排水口位置的过程。总规的上位属性剥夺了城市排水的主动性和权重，使排水规划变得相对单一和被动，也将系统性的排水规划剥离在汇水区中或子系统中。这种单一性的排水规划形式只考虑管道排水处理城市雨洪问题，一旦出现急降雨和持续降雨时，排水管网很容易因负荷过载而导致城市排水系统瘫痪。

（5）地表雨水排放设计。从行业细分的角度讲，国内雨水排放设计并没有专门的分类，大部分存在于园林绿化施工和道路施工中。其中，园林绿化施工按照易于排水的思路进行简单的处理，没有专门的地表雨水排放设计标准；道路施工排水依据道路横坡和纵坡设计进行。地表雨水排放设计在园林绿化行业、景观设计行业和城市设计行业没有达成共识。从行业法规的角度，中国地表雨水排放设计规范处于空白状态。但是，地表雨水的排放设计直接决定雨水径流的流向、流速、时长以及地块内雨水径流量的大小与分布状况，甚至决定了初期雨水水质的改善程度。地表雨水排放设计标准的确立对城市雨水问题的解决至关重要。

2.4.2 建设施工的漏洞

（1）"业主制"建设模式的弊端。"业主制"建设模式一般指政府授权开发商按照城市建设标准对城市基础设施进行自主建设的一种方式，这种建设投资的方式由开发商支出，在一定程度上节约了政府投资。"业主制"建设模式由开发商自筹资金进行排水基础设施建设。这种方式存在两大弊端：一是开发商具有节约资本的本性，在我国目前的建设监督机制下很难保障排水基础设施能够达到相应的施工标准；二是开发商只重视自身开发的地块，无法跟地块外的基础设施对接。

（2）排水基础设施建设过程中的问题。城市排水基础设施建设是城市建设中的重要一环，工程耗资量大、建设工期长、施工难度大是排水基础设施施工建设的特点。在现实工程建设中，排水基础设施建设不到位也是造成城市雨洪问题的重要原因，2011年6月18日武汉雨洪内涝事件显示了排水基础设施建设不到位带来的重大隐患。据武汉市相关部门对2011年6月18日降雨量的统计分析和泵站抽排能力的计算，在所有泵站满负荷运转的前提下，武汉市的雨水排放能力超过实时雨水径流总量。但由于44%的泵站不能正常运转，导致88处低洼地段出现城市内涝现象。其次，在工程验收过程中，工程验收人员一般采用抽样验收和重点地段验收的方法，很难达到每条管道都验收。对于"业主制"建设模式，工程验收的高标准也给开发商节省成本，导致工程质量下滑创造了可能性。另外，我国市政基础设施工程验收制度存在一定问题：一是项目验收人员构成混乱、验收标准无法量化，为排水基础设施的施工质量不合格埋下了隐患；二是项目验收机制很难保障施工不合格之处的改善和达标。

2.4.3 低效的管理维护

（1）管理混乱。排水基础设施管理对雨水排放和基础设施质量的影响，主要有以下原因。一是部门间具体事务的权责不清。城市雨水排放管道和设施的有效运转不仅受水务部门管理，其他部门事务的交叉也无形中影响雨水的排放效率。例如，城管部门对城市市容进行管理时，不当的垃圾清理方式会导致下水口淤塞或排水不畅，道路建设部门可能通过不合理的建设施工方式挖断城市排水管道等。二是主管部门权限不足。雨水排放是一个系统性问题，主管水务部门希望雨水最大化的下渗以保证雨水径流的最小化，但在现有体制和城市开发条件下，雨水下渗在某种程度上取决于园林绿化施工部门、道路施工部门和建筑施工部门对建设场地可下渗地表开发的程度。因此，水务部门有限的管理权限无法保障雨水排放的最优状态，无形中增加了雨水管道的压力。三是施工管理制度不完善导致排水基础设施受损，以道路改造施工和建筑施工为例，因施工管理制度中没有量化行业间交叉施工的时序等相关问题，城市道路和建筑施工过程中经常出现挖断或挖破排水管道的现象。在这种情况下，破损的排水管道并不能得到专业的修缮，导致管道堵塞或淤积，这便为该地段的雨水排放埋下隐患。排水管道不同程度的损坏也存在于园林绿化施工和其他市政管网施工的过程中，总体而言，不同行业间施工管理制度难以量化和制度化的现状导致了行业间极强的负面外部性，重复低效建设不断发生。

（2）维护艰难。排水系统设施维护是保障排水顺畅的重要环节，雨水内涝的产生的主要原因在于排水系统维护不力。以武汉市为例，汉口黄孝河片区因常年维护不力，导致作为排水渠的黄孝河淤积过度，从而发生雨水内涝。并且，城市排水管道系统庞大，在滞水地段进行片段性工程维护不能解决整个排水系统的问题，并且在片段性的工程维护过程中也增大了周边排水管道的压力，若施工周期过长，将容易增加城市内涝概率。再者，我国城市建设周期短且建设方式相对粗放，老城的排水系统相对陈旧，维护难度大，所需的维护资金相对较高，这也是城市排水系统所面临的难题。

（3）行业法规的缺失。发达城市出现大面积城市内涝的概率相对偏低，原因在于发达城市采用了较高的排水标准。例如，纽约市采用了 10～15 年一遇的暴雨重现期标准，东京市 5～10 年一遇，巴黎市是 5 年一遇。发达城市雨水标准体系一般包含两个层面：一是管道排水标准；二是洪涝灾害控制标准。例如，欧盟明确规定了管道排水标准和洪涝灾害控制标准；美国纽约市城市雨水标准体系明确规定了小暴雨排水标准和大暴雨排水控制标准；我国香港特别行政区管道排水标准有大、小排水系统之分，防洪、排涝和管道的标准是统一的（见表 2.2～表 2.4）。反观我国内地城市内涝控制标准和建设现状，相关体系还很不完善。查看我国《室外排水设计规范》的修编过程可以得出：1975年《室外排水设计规范》规定城市排水系统设计重现期为 0.3～2 年；1987 年修编的《室外排水设计规范》规定城市排水设计重现期一般为 0.5～3 年；2006 年新发布的《室外排水设计规范》（GB 50014—2006）规定也为 0.5～3 年，重要地区为 3～5 年；2011 年颁布的《室外排水设计规范》（GB 50014—2006）（2011 版）中将设计重现期提高到"一般地区应采用 1～3 年，重要干道、重要地区或短期积水即能引起较严重后果的地区，应采用 3～5 年"的标准，并提出"经济条件较好或有特殊要求的地区宜采用规定的上限，特别重要地区可采用 10 年以上"的要求。从以上数据不难发现：30 多年来，我国排水设计标准有所提高，但在我国较发达城市的排水设计标准依旧较低。另外，我国大多数城市的项目实施现状仍处于较低水平，城市排水设计重现期仍在 1 年左右。我国采用的排水标准偏低，究其原因，一方面，早期建设的排水基础设施采用的标准本来就低；另一方面，排水设计标准的提高会级数化增加工程造价，给城市带来的综合效益并不明显，所以现行规范不尽完善，建设方一般都按照就低不就高的方式进行选择。

表 2.2　　　　　　　　　　欧盟 EN752 雨水系统设计标准

用 地 类 型	小暴雨系统重现期/a	大暴雨系统重现期/a
农村郊区	1	10
居民区	2	20
城市中心、工业和商业区（有洪水监测）	2	20
城市中心、工业和商业区（无洪水监测）	5	30
地铁和地下通道	10	50

表 2.3   美国 ASCE 雨水系统设计标准

地　区	小暴雨系统重现期/a	大暴雨系统重现期/a
居民区	2～5	
高产值商业区	2～10	
机场	2～10	100
高产值闹市区	5～10	
州际高速公路或排水河道	100	

表 2.4   我国香港特别行政区排水系统设计重现期标准

排水系统类别	重现期/a	排水系统类别	重现期/a
市区排水干渠系统	200	乡村排水系统	10
市区排水支渠系统	50	密集使用农地	2～5
主要乡郊集水区防洪渠	50		

在我国城市建设工程中，与排水有关的另一个非强制性标准是《绿色建筑评价标准》（GB/T 50378—2014），在国际上与之对应的是 Leadership in Energy & Environmental Design（LEED）评价标准。这两个标准都涉及雨水控制的评价标准，具体内容的对比可参照表 2.5。《绿色建筑评价标准》（GB/T 50378—2014）在《绿色建筑评价标准》（GB/T 50378—2006）基础上修订而成，在节水与水资源利用上，前者相对后者有了量化的评价标准与体系，并单独设置章节进行规定。其中，根据住宅、办公、商业、旅馆的非传统水源利用措施与利用率，对建筑进行评分；要求结合雨水利用设施进行景观水体设计，景观水体利用雨水的补水量大于其水体蒸发量的 60%，并对生态水处理技术措施以赋值的方式进行评分。但该标准对雨水径流的总量和峰值流量的控制仍然未给出具体的量化指标，对雨水径流污染控制更无明确要求，仅对非传统水源利用进行量化评分。反观 LEED 标准：SSc6.1 的目标包含径流总量和峰值流量控制两部分，SSc6.2 的目标是控制暴雨径流水质和增加下渗；WEc1.1 和 WEc1.2 的目标是节约用水和鼓励雨水利用。它们涵盖了发达国家城市雨水管理的核心，并且在标准中量化控制了场地开发和水资源利用的参数。通过以上对比可以得出：LEED 标准的雨洪控制利用已相对成熟，并有完善的模型对项目进行模拟分析进而判别是否达标；而我国由于整个领域的研究相对落后，制约了相关内容的制定和实施，雨水径流和污染控制的相关政策规定尚有空白。

通过上述相关行业法规的对比，我国标准条目单一、不完善，这预示着我国在城市雨水标准制定方面与国外发达城市相比还存在较大的差距，需要完善。

表 2. 5　　LEED 评价标准与《绿色建筑评价标准》涉及雨水控制利用的评价条目对比

	LEED 评价标准			《绿色建筑评价标准》(GB/T 50378—2014)		
可持续场地	SSc6.1 要求	(1) 当现存的不透水面积小于或等于 50% 时：制定的暴雨管理规划要使开发后 1 年及 2 年一遇 24h 设计降雨产生的径流总量和径流峰值；或制定的雨水管理规划通过河道保护战略和总量控制战略，保护受纳水体河道免受严重土壤侵蚀的影响。	控制项	6.1	(1) 应制定水资源利用方案，统筹利用各种水资源。 (2) 给排水系统设置应合理、完善、安全。 (3) 应采用节水器具。
		(2) 当现存的不透水面积大于 50% 时：制定的暴雨管理规划使 2 年一遇 24h 设计降雨/产生的径流总量减少 25%	节水与水资源利用	6.2.10	根据住宅、办公、商业、旅馆的非传统水源利用措施与利用率，对建筑进行评分
水资源有效利用	SSc6.2 要求	制定的暴雨管理规划应减少不透水面积，提高渗透率，通过可被接受的最佳管理措施（BMPs）收集处理年 90% 降雨产生的雨水径流	评分项	6.2.11	结合雨水利用设施进行景观水体设计，景观水体利用雨水的补水量大于其水体蒸发量的 60%，且采用生态水处理技术保障水体水质，评价总分值为 7 分，并按下列规则分别评分并累计： (1) 对进入景观水体的用水采取控制面源污染的措施，得 4 分；
	WEc1.1 要求	节约 50% 的饮用水，收集雨水作为灌溉用水的一种选择			
	WEc1.2 要求	完全不用饮用水，收集雨水作为灌溉用水的一种选择			(2) 利用水生动、植物进行水体净化，得 3 分。

2.5　城市内涝、排涝典型案例

2.5.1　北京市 2012 年 "7·21" 涝灾

2012 年 7 月 21 日，一场 61 年不遇的特大暴雨导致北京山区出现泥石流，城市遭受内涝灾情，市区路段积水、交通中断、市政水利工程多处受损、众多车辆滞留。这场暴雨导致至少 77 人死亡，近万人被迫撤离，直接经济损失估计约 100 亿元人民币（肖湘，2012）。

"7·21" 暴雨具有如下特点：一是降雨总量之多历史罕见，全市平均降用量 170mm，城区平均降雨量 215mm，为 1949 年以来最大的一次降雨过程。房山、城近郊区、平谷和顺义平均降雨量均在 200mm 以上，降雨量在 100mm 以上的面积占北京市总面积的 86%；二是强降雨历时之长历史罕见，强降雨一直持续近 16 小时；三是局部降雨雨强之大历史罕见，全市最大降雨强度位于房山区河北镇，460mm/h，接近 500 年一遇，城区最大降雨强度位于石景山 328mm/h，达到 100 年一遇，山区降雨量达到 514mm，降雨强度超过

70mm/h 的站数多达 20 个;四是局部洪水之巨历史罕见,拒马河最大洪峰流量达 2500m³/s,北运河最大流量达 1700m³/s。

此次降雨过程导致北京受灾面积 16000km²,成灾面积 14000km²,全市受灾人口 190 万人,其中房山区 80 万人。全市道路、桥梁、水利工程多处受损、全市民房多处倒塌,几百辆汽车损失严重。

暴雨洪水对基础设施造成重大影响。全市主要积水道路 63 处,积水 30cm 以上路段 30 处,路面塌方 3 处,3 处在建地铁基坑进水,地铁 7 号线明挖基坑涌水流入,5 条运行地铁线路的 12 个站口因进水临时关闭,机场线东直门至 T3 航站楼段停运,1 条 10kV 站水泡停运,23 条 10kV 架空线路发生永久性故障,降雨造成京原铁路等临时停运,对居民正常生活造成重大影响。全市共转移群众 5693 人,其中房山区转移 900 人。进水房屋 736 间,积水 496 处,地下室倒灌 70 处,共补牢加固房屋 649 间,市政排水 141 处。

2.5.2 北京市 2011 年 "6·23" 涝灾

2011 年 6 月 23 日,北京遭遇入汛以来最大降雨,城区部分路段出现拥堵,首都机场全部航班取消。截至 16 时 45 分,城区共计有 39 处路段出现拥堵排队现象,同时部分地区出现积水,其中西四环五路桥南北双方向、海淀香泉路口、石景山路上庄大街路口以及居庸关景区门前道路因路面积水道路基本中断。截至 20 时,城区平均降雨量 63mm。虽然大雨被提前准确预报,但依然造成城区部分路段严重积水,导致交通拥堵,3 条轨道交通线路受到影响,无法维持区间运行。此次降雨为 10 年以来最大一次降雨,部分地区降雨量甚至达到 100 年一遇标准。由于北京多数地区的城市排水系统按照 1~3 年一遇的标准建设,部分地区排水标准甚至不到 1 年一遇,故此次降雨造成了严重的影响,城市积水十分严重,网友甚至笑称 "到北京来看海"。

2.5.3 广州市 2010 年 "5·7" 涝灾

2010 年 5 月 6 日夜间至 7 日凌晨,广州各区普降大暴雨,不少地方还出现特大暴雨,中心城区多处出现严重内涝险情,全市共发生内涝点 18 个,部分地区低洼地的群众受困,安全受到威胁。全市各级三防、排水和市政等部门出动抢险救灾人员 6270 人次,投入抢险救灾机械设备 300 多具,转移群众 1860 人。广州市 "5·7" 暴雨过程具有三个 "历史罕见" 的特点:一是雨量之多历史罕见,广州五山站 5 月 6 日 20 时至 7 日 8 时记录降雨量 213mm,仅次于 5 月历史极值的 215.3mm。绝大部分测站记录到超过 100mm 的降雨,南湖一带达 244.3mm,破历史同期纪录;二是雨强之大历史罕见,这次降雨时间非常集中,在 6h 之内出现了超 100mm 降雨,其中五山站 7 日 1—3 时出现了 199.5mm 降雨，最大小时降雨量达 99.1mm；三是范围之广历史罕见，这次大暴雨覆盖了全市各地。根据广州三防办的材料，广州市"5·7"特大暴雨因洪水次生灾害死亡 6 人。受暴雨影响，全 102 个镇（街）受水浸，109 间房屋倒塌，2.68 万亩农田受淹，受灾人口 32166 人。中心城区 18 处地段出现内涝，其中 4 处情况较为严重，造成局部交通堵塞、商铺受损，全市经济损失约 5.438 亿元。

2.5.4　江西省赣州市

江西省赣州市，始建于宋代的排水系统——"福寿沟"，能使这座同样遭受多次暴雨袭击的千年古城鲜有内涝。"福寿沟"是一处地下水利工程，是罕见的、成熟精密的古代城市排水系统，位于江西赣州，修建于北宋时期，工程由数度出任都水丞的水利专家刘彝主持，它根据街道布局和地形特点，按照分区排水的原则，建成两个排水干道系统，因为两条沟的走向形似"福""寿"二字，故名"福寿沟"。虽经历了 900 多年的风雨，至今仍完好畅通，并继续作为赣州居民日常排放污水的主要通道。

2010 年 6 月 21 日，赣州市部分地区降水近百毫米，市区却没有出现明显内涝，甚至"没有一辆汽车泡水"。此时，离赣州不远的广州、南宁、南昌等诸多城市却惨遭水浸，有的还被市民冠上"东方威尼斯"的绰号。一时间，效率低下、吞吐不灵的城市排水系统成了众矢之的。而与此形成鲜明对比的"福寿沟"至今仍发挥其重要的城市排水功能。

2.5.5　山东省青岛市

在我国，青岛是最不惧怕暴雨的城市。早在 100 多年前，德国人就为青岛设计了足够使用百年的现代排水系统，其雨污分流模式，即使到了今天，还有很多城市未能做到。20 世纪初德国人建造的下水道，100 年后的今天仍在发挥着余热。德国排水系统主干道甚至宽阔的"可以跑解放牌汽车"，当时青岛还是中国唯一一个能够做到雨污分流的城市。青岛污水治理专家、青岛污水处理厂总设计师姜言正评价说，青岛的雨污分流的规划非常先进，修建单独的污水管道，进行分类处理和排放，保障雨水管道的畅通，尤其是 100 年前能意识到这一点非常不易。后来这套排水系统一直未经过大的改造。目前这套系统占全市管道长度的比例不足 1/30，但至今老城区内仍有几十万人受益。直至今日，雨后老城区的街道仍然十分干净，甚少积水。在青岛，排水重现期的设计高于国家标准，主干道的排水重现期一般是 3~5 年，部分暗渠甚至达到 10~20 年的标准。

2.5.6   福建省福州市

2005 年 10 月的"龙王"台风，给福州市区及周边地区造成前所未有的涝灾。福州主城区受淹面积 13.7km²，最大淹没水深达 2m 以上，大量地下车库进水，大面积停电，交通中断，严重影响城市正常的生产、生活秩序，造成经济损失超 32 亿元。福州市内涝治理思路：结合新城规划建设和旧城改造，减少城区的水量，加大城市的持水能力和滞（蓄）容量，提高市民的防灾意识和应对能力。以城市总体规划为基础，综合考虑社会经济状况和城市发展需要，建立健全防洪排水体系。拟规划建设的新城区在进行土地开发和城市总体规划时，必须同步进行治湖规划。旧城区建筑物密集，排涝标准低，工程建设征迁难度大，应进行河道清淤清障，挖深湖泊、池塘，扩大水闸、泵站，充分挖潜，提高治理能力，结合旧城改造，分期分片逐步提高治涝标准。在充分挖掘城区内河排水、蓄滞潜力的基础上，采用"排、疏、蓄、滞、截、引、防"等综合治理措施提高城市的排洪能力（陈能志，2013）。

2.5.7   江西省景德镇市

2011 年 6 月 14—15 日，景德镇市突发大暴雨，虽然市区防洪未出现大的险情，但形成了一定范围的城市内涝，部分地势比较低洼的地区，如西瓜洲、东一路、高专、豪德路口、里村等区域都形成积水，影响了城市居民的生产、生活。为此，景德镇市采取了系列措施来治理城市内涝。首先，景德镇市更新了只通过排水来解决内涝的理念，提出运用蓄排相结合的方式，开展雨洪调蓄和雨洪利用。同时，城市内应建成绿色森林而不是混凝土森林。在城市建设中，应留有绿化空间，预留涉水功能区。可选用生态透水硬化方案，采用有孔面砖、吸水砖、混合土基层。当城市地面各小环境改善后，就会有效吸纳雨水，减轻局部内涝和城市排水压力。在城市低洼地带，如韭菜园等低洼区域，建设一定规模的人工湖泊，既可调节雨水又能够改善环境，蓄水错峰，减轻内涝压力。其次，提高排水标准，完善排水系统。重点做好市区下水管网、雨水井、盖板沟等清淤疏浚养护工作，特别是老城区街道低洼地段。另外，景德镇市还制定了城市暴雨应急计划：根据城市暴雨近、中期预报，及时发布预警消息；降雨达到一定强度后按照预案开展防洪减灾工作，如避难、抢险、救援等；明确防洪减灾的目标，落实各部门、各地区行动指挥负责人及行动计划（汪郁渊，2012）。

2.5.8   广西壮族自治区南宁市

2010 年 5 月底，大雨使得南宁城区一片汪洋，让市民"望洋兴叹"。造成这次水患的主要原因是突发暴雨，这次暴雨刷新了南宁水文的记录，造成了严重的内涝，城区很多路段严重积水，导致交通瘫痪，不少群众被困。南宁市作为广西壮族自治区的省府，每逢雨季便大雨大涝、小雨小涝。为了防治城市内涝，南宁市采取了一系列相应措施。重视管道建设，同时加强控制设施的建设，如泵站、阀门设施的建设。城市建设规划时，仔细研究城市所在地区的地貌，制定科学的分流、截洪、调蓄措施。对那些具有蓄洪和排水功能的重要沟塘、河道进行严格保护，禁止随意侵占和填埋。在城市中建造适当的降雨蓄水池，城市建设规划中留有适当的蓄滞洪区。增加城市的绿化面积，使城市地表和高处的植被覆盖率增加。采用新技术和新方法，改善生态环境，增加透水层，提前做好大规模降雨的防范（赵东文、康洪娟，2010）。

2.6　城市内涝治理的主要措施和理念

（1）建立城市排水系统 GIS 数据库。建立城市排水管网数据库并实时监控。GIS 系统与分布在管网内部的传感器结合，当暴雨发生时，实时监测排水管网的水压，若发生异常则报警，为排水管网抢修提供宝贵时间，从而避免水灾害的进一步扩大（叶斌等，2010）。

基于 GIS 的管理模式，将管网数据以空间和属性数据一体化方式存储，实现基本的地图显示和查询功能（丁燕燕等，2012）。基于监测和模拟的综合管理模式，综合 GIS 和专业功能的优势，以 GIS 提供数据管理和空间分析能力，同时利用管网水动力学模型提供专业计算和分析功能，为排水管网运营监控提供科学的参考。

GIS 系统工具将描述地球地面空间信息数据有效整合起来，通过分类、分层叠加，完整地表达客观地理世界，并且该系统能够自动进行空间分析，为决策者提供有效的决策方案，助决策者有效分析。利用方便快捷的网络技术进行信息共享，更好地指导人们的生产、生活方式。城市排水管网附属资源相关信息数据，如雨水及污水箅子、雨水及污水检查井、雨水及污水通风井、雨水及污水管线等，大多与地理空间位置分布紧密相关，利用 GIS 系统提供的空间地理信息和属性数据的储存、管理、分析能力，在计算机系统中再建城市排水管网系统，管理人员可以在计算机上进行储存、显示、查阅、编辑、分析、打印各区排水管网和设施的空间位置、连接关系以及工程属性等操作。通过管网与 GIS 系统的集成，工作人员还能实时监测管网的流量、流速、淤积、水质等参数。从排水管网的管理需求出发，充分利用排水管网地理信息数据库和实时监控数据库信息，制定排水管网的资源管理系统和综合办公自动化软件系统，实现排水管网管理的网络化、信息化和智能化，从而提高排水管网的运行效率，全面提高排水管网设施管理水平（白璐，2012）。

（2）保护城市天然水体。在城市建设过程中，不到万不得已，不破坏天然水体。目前，国内许多城市出台了保护城市天然湖泊的地方性法规，重要的是如何使这些法规在实际工作中得到实施（叶斌等，2010）。

各地应立法明令禁止填湖造地，对违法者给予严厉惩罚。对于已经出现的水体污染以及水域面积减少的情况，积极采取措施进行弥补，如进行补水，恢复水体周边的生态功能，加强水体周边污染的综合治理；完善水体保护的法律法规；加大对城市水体保护的资助（白璐，2012）。

（3）借鉴国外内涝防治经验。国外一些发达国家已经对于城市内涝有了一定的研究，其中一些成功的治理经验值得我国借鉴。日本在城市建设中大规模兴建滞洪和蓄洪池，甚至利用住宅院落、地下室、地下隧洞等一切可利用的空间调蓄雨洪，防治内涝灾害，有效减少了损失（刘香梅，2008）。在德国汉堡，为应对暴雨洪水兴建了大规模的城市地下调蓄库，并积极推广新型的"洼地-渗渠雨水处理系统"，将洼地、渗渠等设施与带有孔洞的排水管道连接。一方面通过雨水在洼地、渗渠中的储存，分流暴雨洪水；另一方面通过洼地、渗渠使雨水下渗，及时补充地下水。避免了地面沉降，从而形成良性循环的城市水文生态系统（黄泽钧，2012）。

（4）加强城市内涝防治管理的法规建设。目前，我国在城市内涝、防洪及排水方面的规定仍然停留在技术层面上，并未上升到法律层面。在实际操作过程中，相关部门在监督、管理时缺乏有效的法律法规。所以，关于城市内涝的立法迫在眉睫。我国应当广泛借鉴国外一些城市比较成熟的防治内涝的立法，研究制定出适合我国国情，与我国城市相适应的城市内涝、防洪及排水方面的法律。

完善城市规划建设法规，规范城市规划建设中的排水问题，明确内涝防治的措施。让城市内涝防治做到有法可依、执法有据，逐步形成司法监督、群众监督、舆论监督的多重有机监督体系和运行机制（黄泽钧，2012）。

（5）统筹规划。城市发展要重自然，在进行城市规划时首要先协调好城市与自然环境的关系，尊重和利用自然规律，做到人水和谐（司国良、黄翔，2009）。

在规划收集排水系统时，应当综合考虑历史雨量、现在城市的排水标准和未来城市发展将会带来新增量。在规划建设城市之初，需预留足够的空间给雨水排污系统，保证雨污分流（薛梅等，2012）。

由于城市建设涉及多个部门，在以往城市基础设施建设中，只是将地块、路网、排水管网单独进行讨论，转变为由规划、水利、城建、市政等部门联合编制用地竖向规划、防洪排涝规划及雨水系统规划，统筹安排道路、防洪排涝设施及雨水系统建设，使不同部门分管的规划建设工作实现有机协调（曾重，2013）。

在城市拓展建设的过程中，一定要把基础设施的建设作为真正的基础工作来抓紧、抓好，地下隐蔽工程的建设方案没有经过科学严密的认证推敲，绝不贸然建设上部建筑（鞠宁松等，2012）。城市规划要以基础设施规划先行，道路和地下管网的实施要先于地面建筑，排水管网的建设要留足余地，能满足该地区远期规划的发展需要。在城市延伸发展时，严格把关建设用地规划管理，严禁随意填埋、占用河道水系，对于一些有条件的已建城区，应当有计划地疏通恢复已淤塞的河道。城市新区等开发建设规划时期，要充分考虑排涝的实际需要，同步配套建设排涝设施，做好水土保持工作尽量选择用透水材料来铺设城市的地面、让城市地面能够像人呼吸空气一样吸收水分，使得水分能够充分从地表吸收到地下，这在一定程度上是解决城市内涝的有效办法。在城市建设中，尽量对各类地面采取非硬化铺设，这样城市既能避免在大暴雨时出现大面积的积水现象，又能利用雨水来补充地下水资源，是一种比较有效的人工补偿方法（叶斌等，2010）。例如，在建设停车场时用中空砖进行铺设，在中间种植草皮，一方面提高了植被覆盖，另一方面也较好地解决了雨水下渗问题。除此之外，还可以将城市中的景观园林、街头公园、绿化带等建设成下凹式绿地，提高城市绿地蓄水、排水能力（张悦，2010）。

城市应根据自身发展的总体要求，结合当地水文气象资料，并根据新城区、老城区的不同特性，实事求是地确定排水工程的近远期建设规划，以指导排水管网系统的建设及改造。此外，还应适时更新城市规划管理理念，将渗透、调蓄等措施体现在前期规划中（丁燕燕等，2012）。

城市规划要兼顾发展与防灾减灾，明确城市面临的灾害风险和承灾能力标准；重视对城市市区内气候因子的变化特点和影响的评估，加大对气象灾害处理和预测的资金投入，开展研究工作，提升灾害预测和评估能力（吴正华，2001）。

需要做到强化施工治理管理，一套合理先进的雨水排蓄是保证城市畅通的基础。政府主管部门及各市政施工企业均应充分认识到地下排水管网的重要性，重视排水规划，严格按照规划进行设计与施工，并加强施工质量管理，尤其是对"隐蔽工程"，如排水管渠工程的施工验收等（薛丽，2013）。

（6）加强海绵城市措施的建设和利用。未来的城市规划要着重考虑对海绵城市措施的建设利用，如透水铺装、下凹式绿地、绿色屋顶、植草沟、雨水花园等，这些措施在城市建设中都已经有所利用，并且对雨洪调蓄效果良好。考虑在小区建下沉式花园，在城市低洼地带建广场。在暴雨来袭时将雨水暂时储存起来，在洪峰过后排入河道成回灌井。在市区建设绿地，在需硬化的地面铺设渗水砖，使雨水直接入渗，很好地补充了地下水（薛梅等，2012）。

有学者提出：利用各种运动场地，降低地面高程，平时作为运动场，降雨时作为蓄水池。为了蓄水时不造成危险，蓄水深度在半米左右，晴天后可用水泵将水抽出排走。利用公园绿地，降低地面高程，平时作为公园，雨天作为蓄水池。一般可以划分为若干区，按照降雨量的多少，逐步启用。楼房之间的空地在降低高程后，平时可作为公共用地，在雨天可作为蓄水池。另外可以修建地下水库调蓄雨水。对于房屋屋顶，也可以加以利用，在屋顶建设屋顶雨水调蓄设施，还可以把收集到的雨水处理后用作为大型建筑物室内空调用水或者作为建筑物减震平衡箱用水。

（7）加强预警预报，加大应急处理能力。与当地气象部门联合起来建立暴雨天气预报预警系统，及时掌握雨情，并向社会及时报道降雨情况和道路积水情况，便于市民选择出行路线。做好遭遇强降雨的演练，制订应急预案，增加机动的排水设施，在重点地段和可能出现危险的时候及时到位，将由暴雨造成的损失降到最小（薛梅等，2012）。明确各管理部门的职责权限，确保各部门能按照预案统一指挥、统一调度，抢排设施和抢险人员随时待命，随时巡查，并做到快速反应、快速应对（丁燕燕等，2012）。

（8）加强排水设施的维护保养和宣传教育。建立统一协调的管理部门，统筹调度指挥工作，在日常时间内，做好雨水管网的定期维护和保养。例如，已知汛期即将来临，及时检修、清掏管网，保证管网的畅通。另外加大教育宣传力度，提高市民爱护雨水设施的意识，增强责任感，做到不随意向雨水设施内倾倒垃圾，帮助管理部门监督举报破坏雨水设施的行为，保障雨水排放畅通无阻（薛梅等，2012）。

对于城市已建的排水管网系统应加强管理和维护，制定城市防汛排涝预案并落实具体措施，加强防范和宣传力度，让市民进一步了解城市排水设施现状和管理所面临的问题，增强市民爱护城市排水设施的自觉性和积极性（丁燕燕等，2012）。

从全民治理的角度上来解决问题。对于城市尺度来说，防洪排水是一项较为复杂的工程，但是当具体到每一个小区、每一户人家时，却是可以集合力量，产生大的影响，如每一家、每一户平日里有条件的话，种植一些树木、花草；单位、公司可以在环境区域内做好绿化工作。如果每个人、每个家庭、每个集体都行动起来，对城市的治理目标会作出巨大的贡献（鞠宁松等，2012）。

（9）应用综合措施治理内涝。城市内涝治理是一项特殊的系统工程，国内外的成功经验表明，只有采取综合的治理措施，才能达到较好的效果，破解城市内涝的难题。可以通过"渗、滞、蓄、用、排"五个字来实现（曾重，2013）。"渗"，在城市建设过程中，加大雨水渗透措施的建设力度；"滞"，通过建设城市湿地，减缓洪水的洪峰形成时间，减少洪峰峰值，避免超大洪水的出现；"蓄"，是指利用低凹地、池塘、湿地等收集储存雨水，既能减轻防洪压力、还能改善城市小气候；用，在雨水丰富的地区，将雨水用于城市绿地、景观用水、消防、道路清洗等领域；"排"，建设畅通排水管道和河道，让雨水能顺畅地排出城区。

针对地形、地貌特征，认真研究城市排水系统中的截洪、分流和调蓄措施。作为城市蓄洪排水的重要载体，对具有涵养水源及景观价值的洼地、沟塘、河道等应严格保护，不能随意填埋或侵占。此外，在适宜的地区建造雨水蓄水池、规划一定比例的蓄滞洪区、保留一定的蓄洪塘坝，也可以达到有效延缓雨水径流形成时间、削减洪峰流量的目的（丁燕燕等，2012）。

目前，《室外排水设计规范》（GB 50014—2006）标准中进一步强化了内涝防治、排水系统排能力校核、用水调蓄等方面的要求（鞠宁松等，2012）。

2.7 暴雨径流模拟的重要性

随着城市化的发展和城市人口密度的增加，降雨带来的水文和水质问题对城市水体的影响越来越大（Tsihrintzis 和 Hamid，1997）。如何预测暴雨径流对城市环境的影响对于城市水资源的管理具有重要的意义。基于这一目的，降雨径流模型得到了广泛的应用（Kanso et al.，2006），常见的模型包括CMMS（Davis et al.，1998）、SLAMM（Kim，1993）、HSPF（Tsihrintzis V A et al.，1997）和 SWMM 等。

城市暴雨径流模型是将整个研究区域分成若干个子流域。再将子流域按下垫面透水性划分为透水面和非透水面。分别进行产流计算并叠加，经地面汇流后就近汇入计算节点。以圣维南方程组模拟管网汇流，计算得出研究区内的地面淹水分布范围、水深以及淹水历时（张建涛，2009）。

从 20 世纪 40 年代提出降雨径流模型以后，已经有各种不同复杂程度的模型得到了发展，SWMM 是其中应用最广泛的模型之一。SWMM 模型是美国国家环境保护局为解决日益严重的城市排水问题而推出的暴雨管理模型（Campbell C W et al.，2002）。此模型可仿真分析与城市排水有关的水量和水质问题。SWMM 根据排水系统的水流特性，分成地表径流和管道输水两部分，分别用非线性水库模型和圣维南方程来模拟，并通过一定的数值分析规则求解（赵冬泉等，2009）。

城市暴雨径流模拟分析系统可对暴雨产生的地面积水的分布范围、最大积水深度、淹水过程做出有效预报。张建涛（2019）通过上海市徐汇区台风"麦莎"暴雨的实际验证表明，模拟结果较为准确合理；胡莎等（2016）基于

SWMM 模型构建了山前平原雨洪模型，研究表明模拟结果可为山前平原城市的水系排涝规划及治理提供依据；边易达等（2014）运用 SWMM 模型模拟了济南市某区域的排水系统，研究表明 SWMM 模型在该地区模拟效果较好。因此，该模型系统在城市防洪减灾方面有广泛应用前景和实际推广价值，对于城市洪水安全方案的制定有着科学的借鉴意义。

城市暴雨径流模拟系统具备的先进性、实用性、可靠性体现在两个方面：一是充分利用水文水力学科成熟和先进的技术，开发实用可靠且易操作的城市水情预报及仿真模型，建立一套完整的城市洪涝灾情预测、模拟、决策数学模拟计算系统；二是开发计算机编程技术和应用软件，直观和动态地显示计算系统得出的水情和灾情的变化过程，可以迅速查询水情和灾情的基本特性，为城市防汛减灾提供支持（丁国川、徐向阳，2003）。

2.8　本章小结

雨水内涝的产生原因涉及诸多环节，包括城市建设相关行政制度、规划设计方法、建设施工质量、市政排水管道维护管理、行业法规条例的完善程度以及规划与建设之间、建设与维护之间的协调关系等。从系统论的角度讲，单个环节都有可能直接或间接导致城市内涝的发生；从不同城市的环境承载力来看，每个城市的水文地质、排水模式、城市排水系统规模、降雨量等基础情况也各有不同。因此，中国雨水内涝问题是综合性的系统问题，与之相关的行政制度、管理条例等方面很难在短期内得到完善并起到立竿见影的效果。所以，在土地开发过程中通过量化控制的手段从雨水控制的规划设计思路、控制指标，技术措施等方面来解决城市内涝的问题，是根本的解决方案，也是研究雨水内涝问题的突破。

据对雨水内涝成因的梳理，结合我国城市规划体制的现状和技术方法，应该将以下两方面作为解决雨水内涝问题的切入点：一是以合理的雨水控制理论，通过制定城市雨水控制指标体系，将传统的防洪规划、排水规划以及某些城市编制的雨水利用规划等统一在综合性的"雨水控制专项规划"中，并将其纳入城市规划体系，这将是从规划体制和规划方法上解决雨水内涝问题的必要政策和技术手段。二是应用可持续的、更生态的和低影响的雨水控制技术措施来缓解城市雨水内涝，实现雨水资源的可持续利用，有效保护城市水环境和自然生态环境，维护城市水系统的良性循环。

解决雨水内涝问题是排泄过量雨水径流的过程。依据我国城市应用的管道排水方式，此过程可以划分成三个阶段：第一阶段是地面雨水汇流；第二阶段是雨水管道传输；第三阶段是自流或泵站抽排至自然水系。依据上面对雨水内涝现状和原因的分析，雨水内涝的产生不是全城范围的，而是在城市中星点状分布或片状分布的。也就是说，宏观尺度的城市总体规划在雨水内涝方面是没有问题的。第二、第三阶段涉及的排水管网规划布局、传输能力以及泵站抽排雨水能力都不是雨水内涝问题的关键所在，真正的问题出在城市中尺度，即形成雨水径流的汇水区域地块，其地表特征、雨水径流量、汇水时间、雨水径流的地面传输速度等多方面的不确定性和突发性，才是水排放低效和失控的症结所在。

贵州省降雨径流变化特征

3.1 区域概况

3.1.1 地理位置

贵州省位于云贵高原东部，为亚热带高原山地，属亚热带季风常绿阔叶林气候区，与四川、湖南、广西、云南四省（自治区）毗邻，地理坐标为东经 $103°36'\sim109°35'$，北纬 $24°37'\sim29°13'$，土地面积 176.2 万 km^2。

3.1.2 地形地貌

贵州是我国西南部连片喀斯特的核心部位，其喀斯特地貌出露面积为 11 万 km^2，占全省面积的 61.92%。分布广泛、发育完好、类型多样的碳酸盐岩是贵州喀斯特地貌的典型特征。但是，喀斯特地貌的形成除具有可溶性碳酸盐岩外，还受构造运动、表生地质作用的影响。因此，在贵州不同地区的喀斯特地貌具有不同特征。

总体来说，贵州喀斯特地貌具有以下分布特征：

（1）喀斯特分布面积占全省面积的 50% 以上，且集中分布于贵州省中部、南部和西部。在贵州省内，喀斯特分布面积比例超过 50% 的有铜仁、印江等 68 个县（市），占全省县（市）的 79%；喀斯特面积比例超过 80% 的有南明、息烽等 28 个县（市），其中。中部的贵阳市喀斯特面积比例高达 85.02%，南部的黔南自治州喀斯特面积比例为 81.53%。因此，喀斯特地貌是贵州省内的主要地貌类型，且分布面积大、覆盖地区广。

（2）贵州喀斯特地貌类型具有复杂多样、分布广泛的特点。贵州各地区喀斯特地貌受构造运动、表生地质作用的影响程度不同，地貌特征也有所差别。按照其喀斯特发育程度，可以分为喀斯特弱发育区、喀斯特中等发育区、喀斯特较强发育区、喀斯特发育强烈区。喀斯特弱发育区主要分布于黔南地区，地貌类型为喀斯特洼地；而喀斯特中等发育区大部分分布于黔中-黔东北地区，小部分分布于黔西南地区，其地貌类型有喀斯特高原、槽谷，高原区以遵义市、贵阳市等为代表，槽谷区以铜仁市等为代表；喀斯特较强发育区分布于黔西南-黔西北地区，以安顺市、兴义市、六盘水市等为代表，其主要地貌类型有喀斯特峡谷；喀斯特发育强烈区则主要分布于黔南地区，地貌类型主要为喀斯特峰丛。各区发育有喀斯特主体地貌形态组合类型，具有相对独特的地貌特征。

（3）喀斯特与非喀斯特两类地貌交错分布。因受地质构造的影响，喀斯特与非喀斯特两类地貌交错分布，具有明显的条带性。可溶岩与非可溶岩组间互成层，形成互层状水文地质结构和喀斯特多层型含水特征，并由此造成复杂的补给、径流和排泄关系及复杂的水动力条件。同时，地表喀斯特与地下喀斯特共同组成一个密切联系、相互制约的双重结构体和垂直连通发育系统（林俊清，2001）。

（4）贵州喀斯特地貌结构由高原区与峡谷区两类地貌单元组成。贵州省内山地和丘陵面积占全省土地面积的92.5%，其喀斯特地貌结构主要由高原区与峡谷区两类地貌单元组成。

高原区地面平均坡高较小，一般为靠近分水岭附近及河流上游的海拔较高处，河流切割浅、高差小，喀斯特形态常由剥夷面构成的高原面所组成。其地区特点为谷宽流缓，阶地广布，地下水埋藏较浅，地下河流量小，明流与暗河相间出现，发育着残积型红色风化壳并常有浅覆盖型或半裸露喀斯特类型出现。这类高原区主要分布于苗岭西段及乌江中游各支流的上游（林俊清，2001），以安顺市西秀区、黔南州长顺县、贵阳市花溪区等县（区）内部分地势开阔处为代表。

喀斯特峡谷区地面平均坡度较大，处于大、中河流及地下河的中、下游。其地区特点为地势崎岖，相对高差超过300m，山地面积比例较大，河谷深切，多陡滩瀑布，支流常以较大比降注入主流，以峰丛深洼地、峰丛峡谷为主，洼地中发育竖井、落水洞，溶洞呈层楼状。一般分布于乌江、南盘江、北盘江、红水河及其支流的峡谷地带。以织金、开阳、荔波、平塘等县部分地势较低处为代表（林俊清，2001）。

3.1.3　水文气象

贵州省夏无酷暑、冬无严寒，雨量充沛，气候垂直分异明显，大部分地区为典型的亚热带气候，局部为温带和准热带气候。平均气温8~20℃，7月气温22~25℃，1月气温4~6℃。年降雨量为800~1700mm，主要集中在5—

10 月，占总降雨量 75％以上。相对湿度一般在 80％以上，年平均蒸发量
650～1300mm，由东向西南递增，其中北盘江下游河谷与西部高原为两个蒸
发高值中心，达 1100～1300mm，云多、日照辐射低，一般日辐射量 8.6～
12.6MJ/m^2。

贵州省多种灾害性天气频繁发生，常见干旱、秋风、冰雹、倒春寒、霜
冻、暴雨和秋季绵雨，其中以干旱和秋风为主。干旱主要出现在 3—5 月（春
旱）和 8—9 月（夏旱）。中等春旱约两年一次，重旱四年一次，夏旱两年一
次。干旱发生的主要原因是降水时间分布不均、喀斯特地表水渗漏、田高水低
及植被砍伐过度等（郭纯清等，2015）。

3.1.4　土壤植被

贵州省植被在全国植被区划上属于亚热带植被带。根据省内植被的分布规
律以及地域分布，可分为两个亚热带植被带，即亚热带常绿阔叶林亚带和南亚
热带具热带成分的亚热带常绿阔叶林带。分界线是：东起罗甸双江口，至贞
丰，南至册亨，向西过安龙，至云南省界。贵州地处亚热带，境内山峦起伏，
地面崎岖，地貌复杂。气候温暖湿润，雨量充沛，分异明显。因此，植物种类
繁多，类型多样，生长迅速，而且植被、森林荒山成片集中，为发展林业生
产、扩大森林资源、建立强大的林业生产基地、改善生态环境、改变山区经济
面貌，提供了极为有利的条件。

贵州省气候和地理条件的复杂性直接影响土壤的发育与分布，其中红壤、
黄壤、黄棕壤等土壤类型是贵州省的地带性土壤，其面积约占土壤总面积的
60.29％，受母岩特性制约的岩性土壤石灰土、紫色土占土壤总面积的
23.14％，人工耕种熟化的水稻土等及其他约 16.57％。贵州山峦起伏、地
形多变，成土因素极其复杂，致使土壤类型众多。按水平分布，从南到北依次
有红壤、红黄壤和黄壤；垂直分布从低到高有红壤、黄壤、黄棕壤和山地草甸
土等多种类型，还有一些非地带性的岩性土，如石灰（岩）土、紫色土等，其
中，黄壤分布面积最多，遍及贵州高原的主体部分。贵州省还有许多其他的土
类，例如水稻土、棕壤、山地草甸土、红黏土、沼泽土、泥炭土、新积土
等（谢静等，2015）。

3.1.5　河流水系

贵州省广泛发育着各种类型的喀斯特地貌，地下喀斯特通道发育，地表径
流与地下径流之间的关系复杂化，形成了较为特殊的喀斯特山区地表水资源。

贵州省喀斯特地貌地表水具有以下分布特征：

（1）地表水资源时空分布差异显著，且总体地表水资源缺乏。贵州省地处

亚热带湿润季风区，无冰川融雪，省内河流主要以大气降水补给为主。全省多年平均年降雨量为1179mm，降雨时空分布不均，年降雨量均值变化在800～1700mm。全省降雨由东南向西北递减，山区大于河谷地区。多雨区主要分布在：黔东北的梵净山东南面、黔东南的雷公山东南面、黔西南的南北盘江到三岔河一带，因地形破碎，被分为多个高值中心，每个中心仍位于当地较大山体的东南坡面，中心量级均超过1400mm，以盘州老厂镇1700mm为最高。少雨区主要分布在：舞阳河河谷到乌江中游河谷地区，平均年降雨量在1100mm以下，赤水河河谷地区，位于娄山山脉的西北面，平均年降雨量在1000mm以下，乌江上游与金沙江分水岭地带，位于乌蒙山脉的西坡与北坡，平均年降雨量在900mm以下，南北盘江与红水河河谷地区，平均年降雨量在1100mm以下。降雨多年平均连续最大四个月占全年降雨量的比重为50%～70%，其总的分布趋势是从西向东递减、由南向北递减，其相应发生月份，省内大部分地区为5—8月，东部洞庭湖区各河流下游相应发生月份为4—7月，西部金沙江区和北盘江上游地区的相应发生月份为6—9月（贵州省水利厅，2012）。

（2）地表水文河网发育差，地表水系相对不发达。由于贵州喀斯特地区碳酸盐广泛分布，表层喀斯特发育，地区溶蚀作用强烈，地下落水洞、天窗、喀斯特裂隙以及溶洞等发育丰富，降水容易渗入地下，地表径流大幅度减少，局部地区地表径流分散紊乱，地表径流补给、排泄区复杂，地下暗河发育，导致地表水文网不发达，且喀斯特发育越强烈地表河网密度越小。

（3）地表水与地下水频繁转化，地表径流变幅较小，枯季流量较大，径流模数较高，滞洪能力较强。喀斯特地貌区地表水与地下水联系非常密切，交互出没，容易形成地表、地下双层水文网的特殊喀斯特水文地质结构。在汛期，河流通过落水洞、天窗、下渗补给地下水；在枯水期，地下水反过来补充地表水。由于喀斯特地貌、喀斯特发育的特点，地表径流具有流量变幅较小、枯季流量较大、径流模数较高、滞洪能力较强的特点。甚至在管道流比较发育的地区会出现流量上与降水无关的水量周期增减的"潮汐"现象。

（4）西部河流含沙量大，东部河流含沙量小。由于各地区地貌类型和植被覆盖存在显著差异，河流的含沙量也会有相应的变化。从河流的最大含沙量来看，西部地区的河流最大含沙量一般在$50kg/m^3$以上，而中部以东地区一般在$30kg/m^3$以下。从多年平均含沙量来看，西部一般在$1.0kg/m^3$以上，中部以东地区一般在$0.5kg/m^3$以下。从平均输沙模数看，西部为$500～1500t/km^2$，中部为$30～100t/km^2$，东南部只有$15t/km^2$。综合这三个泥沙指标，可以看出，贵州省西部地区河流含沙量总体比东部地区的河流含沙量大。

3.1.6 地下水

地下水是水资源的重要组成部分，具有水量稳定、水质好等特点，是生活、生产和生态的重要水资源之一。贵州地势高差大，地形、自然条件复杂，碳酸盐岩分布广泛，喀斯特地貌发育，水文地质条件复杂，地下水资源丰富，以喀斯特地下水为主，地下水资源亦是贵州省农村居民在早期的重要水源。

贵州省喀斯特地貌地下水具有以下分布特征：

（1）地下水区域分布不均。贵州省多年平均地下水资源量为 259.95 亿 m^3，占水资源总量的 24.5%，地下水产水模数为 14.8 万 m^3/(km^2·a)。贵州省地下水资源具有水质好、分布零散、地下水补给较为复杂等特点。省内地下河数量多，分布复杂。

（2）地下水产水模数具有上游小、下游大的特点。贵州省各个行政分区的地下水径流模数与各市州的地层岩性密切相关。据相关统计，地下水产水模数铜仁市最高，达 16.11 万 m^3/(km^2·a)，其次是黔东南、贵阳；黔南州 13.13 万 m^3/(km^2·a) 最低，黔西南、遵义处于较低值。河流大多发育在山盆期-峡谷期喀斯特地貌单元上，一般都具有上游较平缓、河床切割浅、下游陡峭、河床切割深的特点，因而就同一条水系来说，在地质、水文气象条件相似的情况下，其地下水产水模数通常表现为上游小、下游大的特点（赵先进等，2015）。

（3）地下水泄流速度快，径流稳定性差。喀斯特地区可溶岩地层溶蚀裂隙、溶洞暗河发育，透水性强，地表水很容易渗入地下，地下水汇水速度快，地下径流过程变化大且稳定性差，约 60% 的入渗水量都被分割在基流以上，使河川径流中的基流比例只占 40%。因此，贵州省部分喀斯特地区的地下水资源量并不丰富，如红水河、北盘江、柳江区。贵州省地表水资源时空分布不均，洪枯流量差别大，喀斯特发育，蓄水保水困难。喀斯特山区枯期径流变化大，其地下水泄流快，枯期径流变化大，枯水期径流值变化较陡。而贵州非喀斯特区地下水泄流相对较慢，枯期径流较稳定，枯水期径流值变化较缓（赵先进等，2015）。

（4）地下水的储存与运移复杂。地下水的储存与运移以喀斯特管道为主，除集中排泄口和天窗外，喀斯特管道的走线复杂，地下水运移通道的确定难度很大（赵先进等，2015）。

3.2 降雨径流变化特征

贵州省热量充足，降雨充沛，但喀斯特地区土壤持水性差，降水一般迅速渗入到地下，流域水文过程补排迅速、季节变化剧烈，表土蓄积水能力较差，易干旱缺水，同时由于各地段地下管网的畅通性差异很大，一遇大雨，低洼地区很容易堵塞造成该地区局部涝灾。贵安新区位于贵州省中部地区，其地理位置和海拔高程均处于贵州省的中值区，因此分析该省的降雨、径流的特征，可以更好地了解贵安新区的防治洪涝灾害。根据研究需要和资料的可获取性，选用贵州省 2000—2017 年《贵州省水资源公报》各市级行政区的年降雨量和径流量进行分析。

3.2.1 特征分析法

对于水文时间序列的趋势变化分析，常用的方法有方差与线性回归分析、滑动平均分析、二次平滑分析、集中度及集中期分析、Mann - Kendall 非参数检验法、Spearman 秩次相关检验法等，对于水文序列突变点的分析方法则有参数和非参数检验方法，如有序聚类法、Pettitt 检验法、Lee - Heghinan 法、滑动 F 检验法以及滑动 T 检验法、R/S 检验法、滑动秩和法、滑动游程法、最优信息二分割法、Brown - Forsythe 法等。不同方法使用的条件不尽相同，得到的分析结果存在差异，有时甚至会出现相反的结果，因此方法的确定需要根据实际情况和水文序列的物理机理特性来判断。

本研究通过对贵安新区附近主要水文站历史降雨、径流资料采用线性回归分析法、滑动平均分析法等统计分析方法，对贵安新区进行降雨特征分析，在分析降雨量及径流量变化特点的基础上，分析暴雨的年际变化特征。

（1）线性回归分析法。线性回归是回归分析中一种经过严格研究并在实际应用中广泛使用的类型。回归分析中，包含一个自变量和一个因变量，且两者的关系可以用直线近似表示，称为一元线性回归分析；存在两个或两个以上自变量，称为多元线性回归分析。线性回归分析常用最小二乘逼近来拟合，一元线性回归方程如下：

$$y = a + bx \tag{3.1}$$

式中：y 为因变量；a 为常数项；b 为回归系数；x 为自变量。

$$a = \overline{y} - b\overline{x} \tag{3.2}$$

式中：$\overline{y}$ 为因变量平均数；$\overline{x}$ 为自变量平均数。

设样本系数为

$$r = \frac{\sum (x_i - \overline{x})(y_i - \overline{y})}{\sqrt{\sum (x_i - \overline{x})^2 \sum (y_i - \overline{y})^2}} \tag{3.3}$$

式中：y_i 为因变量的实际值；x_i 为自变量的实际值；r 为相关系数。

$$b = \frac{\sum (x_i - \overline{x})(y_i - \overline{y})}{\sqrt{\sum (x_i - \overline{x})^2 \sum (y_i - \overline{y})^2}} \cdot \frac{\sqrt{\sum (y_i - \overline{y})^2}}{\sqrt{\sum (x_i - \overline{x})^2}} = r \frac{S_\gamma}{S_\chi} \tag{3.4}$$

y 对于 x 的回归方程：

$$y - \overline{y} = r \frac{S_\gamma}{S_\chi}(x_i - \overline{x}) \tag{3.5}$$

（2）滑动平均分析法。滑动平均分析是水文序列趋势分析上常用的分析方法，通过滑动平均，数据序列的独立性被削弱，自由度降低，降低的程度和滑动平均的阶数有关。滑动平均的阶数越大，数据序列中保留的信号越少，反之亦然。因此，滑动平均分析后不同数据序列之间的相关系数会增加。

对序列 x_1，x_2，$\cdots$，x_n 的几个前期值和后期值取平均，求出新的序列 y_t，使原序列光滑，这就是滑动平均法。数学表达式为

$$y_t = \frac{1}{2k+1} \sum_{i=-k}^{k} x_{t+i} \qquad (3.6)$$

式中：y_t 为对下一期的预测值；t 为预测时期；k 为移动平均时期的个数；x_{t+i} 为 $t+i$ 时的序列值。

当 $k=2$ 时为 5 点滑动平均，当 $k=3$ 时为 7 点滑动平均。若 x_i 具有趋势成分，选择合适的 k，y_t 就能把趋势清晰地显示出来。因此滑动平均法在气象领域得到了大量的应用。据有关研究，采用线性滑动平均法处理趋势线，可以通过控制滑动步长的大小来调节趋势线与气象的比例。

3.2.2 降水变化特征

数据来源于贵州省水利厅按年度编发的《贵州省水资源公报》（2000—2017）。公报按年度反映流域水资源状况及其开发利用情况，内容包括降雨量、地表水资源量、地下水资源量、水资源总量、蓄水量、供水量、用水量、耗水量、用水指标、水污染概况及重要水事等，分别按行政分区和流域分区提供数据和信息。本研究旨在分析贵州省降水径流的变化特征，因此分别选取《贵州省水资源公报》中 2000—2017 年贵州省降水总量和以流域分区为划分单位的降雨量进行分析。

首先，根据贵州省 2000—2017 年的实测降雨资料，利用线性趋势回归分析法，对贵州省降雨量变化情况进行统计，贵州省年最大降雨量是 2000 年的 1324.64mm，年最小降雨量是 2011 年的 820.6mm，最大降雨量与最小降雨量相差 504.4mm，极值比为 1.6，相差较大，说明 2000—2017 年年降雨量变化范围比较大。2000—2017 年年平均降雨量为 1126.17mm。降雨量长期变化的方向和程度可以用趋势系数 r 来反映，若趋势系数 r 为正，表示研究对象有线性增加的趋势；反之，有减少的趋势，r 绝对值的大小反映了增加或减少的快慢程度。其趋势系数 $r=-0.47$mm/a，降雨量整体呈下降趋势，但未通过 0.05 显著性检验，因此降雨量下降不明显。

降雨量的离散程度可以用变差系数 C_v 来反映，通常认为 $C_v \leqslant 0.1$ 时离散程度较小；$0.1 < C_v \leqslant 1$ 时为中等离散程度；$C_v > 1$ 时离散程度较强。根据 C_v 与 C_s 的计算公式统计，贵州省 2000—2017 年降雨量时间序列的变差系数 $C_v = 0.117$，说明贵州省降雨量在 2000—2017 年期间的离散程度较弱；$C_s =$

−0.515，呈负偏态分布，说明大于平均降雨量的年份较多。另外选取 3 年线性滑动平均，对降雨量变化情况进行统计。从图 3.1 滑动平均过程可以看出，贵州省年降雨量呈现周期性的上下波动，滑动曲线在 2000—2006 年、2008—2012 年、2017 年下降，贵州省降雨量有减少的趋势；而在 2007 年、2013—2016 年降雨量增加。

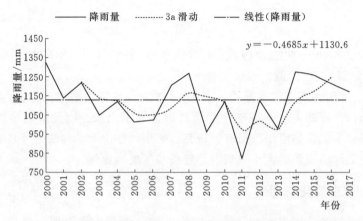

图 3.1　贵州省 2001—2017 年降雨量变化趋势图

　　贵州省内具有两个一级流域分区，分别是珠江流域、长江流域，其中又可划分为 11 个三级子流域，分别为长江流域内的金沙江石鼓以下干流、赤水河、宜宾至宜昌干流、乌江思南以上及以下、沅江浦市镇以上及以下、珠江流域内的南盘江、北盘江、红水河、柳江。根据《贵州省水资源公报》（2000—2017），选取 11 个三级子流域 2000—2017 年年平均降水径流资料，对贵州省水文特征的变化进行分析（表 3.1、表 3.2）。

表 3.1　　　　　　　　　贵州省 11 个三级子流域降雨量特征值

分　区	流域面积 /km²	平均值 /mm	最大值/mm （发生年份）	最小值/mm （发生年份）	极值比	C_v	C_s
金沙江石鼓以下干流	4888	825.89	1065.00（2008）	556.10（2011）	1.92	0.16	−0.19
赤水河	11412	931.04	1084.50（2014）	748.40（2011）	1.45	0.10	−0.26
宜宾至宜昌干流	2390	934.27	1291.20（2014）	703.20（2009）	1.84	0.16	0.66
乌江思南以上	50592	1014.89	1216.20（2008）	765.20（2011）	1.59	0.12	−0.25
乌江思南以下	16215	1094.49	1328.10（2016）	908.80（2011）	1.46	0.12	0.24
沅江浦市镇以上	28714	1171.61	1470.60（2015）	858.20（2011）	1.71	0.14	−0.14
沅江浦市镇以下	1536	1350.29	1674.60（2014）	944.47（2005）	1.77	0.15	−0.27

续表

分　区	流域面积 /km²	平均值 /mm	最大值/mm (发生年份)	最小值/mm (发生年份)	极值比	C_v	C_s
南盘江	7651	1233.42	1561.89 (2001)	632.90 (2011)	2.47	0.18	−1.00
北盘江	20982	1150.05	1363.55 (2001)	797.70 (2011)	1.71	0.14	−0.45
红水河	15978	1150.45	1421.00 (2008)	932.30 (2009)	1.52	0.14	0.13
柳江	15809	1300.66	1715.70 (2015)	931.90 (2011)	1.84	0.17	0.44

表 3.2　　　　　　　　贵州省 11 个三级子流域线性回归特征

分　区	流域面积/km²	线性回归方程	线性倾向率 /(mm/a)	决定系数
金沙江石鼓以下干流	4888	$y = 8.2349x + 751.77$	8.23	0.0986
赤水河	11412	$y = 2.2596x + 912.97$	−2.26	0.1118
宜宾至宜昌干流	2390	$y = 1.4052x + 923.03$	1.41	0.0017
乌江思南以上	50592	$y = 4.8405x + 973.75$	4.84	0.0369
乌江思南以下	16215	$y = 0.3459x + 1091.7$	0.35	0.0001
沅江浦市镇以上	28714	$y = 21.151x + 1002.4$	21.15	0.3124
沅江浦市镇以下	1536	$y = 25.085x + 1149.6$	25.09	0.2837
南盘江	7651	$y = -3.065x + 1261$	−3.07	0.0046
北盘江	20982	$y = 1.2602x + 1138.7$	1.26	0.0015
红水河	15978	$y = 8.2386x + 1076.3$	8.24	0.0655
柳江	15809	$y = 15.033x + 1165.4$	15.03	0.1060

从 2000—2017 年的年平均值来看，各流域多年平均降雨量差异比较大，沅江浦市镇以下流域年平均降雨量为 1350.29mm，表明该流域降雨量丰富，金沙江石鼓以下干流流域年平均降雨量为 825.89mm，两者相差 524.40mm，极值比为 1.635，说明贵州省降水空间分布不均匀，地区差异性大。从降雨量的极大值来看，各流域年平均降雨量最大值均在 1000mm 以上，且差异大，最小值均不低于 500mm，但最大值与最小值的极值比均在 1.4 以上，南盘江甚至达到了 2.47，表明了 2000—2017 年年平均降雨量波动幅度大，而且较大值发生在 2001 年、2008 年、2014 年、2015 年，较小值则发生在 2009 年、2011 年。从 C_v 值来看，各流域年平均降雨量离散程度基本一致，处于 0.1~0.2 之间，根据 C_v 的判别标准，11 个流域年平均降雨量离散程度较小。根据 C_s 值可知，各流域年平均降雨量 C_s 值并不一致，其中红水河、柳江、乌江思南以下、宜宾至宜昌干流大于多年平均降雨量年份占比小。根据线性回归方

程显示，赤水河和南盘江两个流域年降雨量线性倾向率分别为 $-2.26mm/a$、$-3.07mm/a$，下降趋势不显著。其他流域的年降雨量线性倾向率均大于 0，说明流域年降雨量有增大的趋势，但是线性倾向率相差大；沅江浦市镇以下和沅江浦市镇以上流域年降雨量线性倾向率分别为 $25.09mm/a$、$21.15mm/a$，增加趋势明显，而乌江思南以下和宜宾至宜昌干流流域年降雨量线性倾向率分别为 $0.35mm/a$、$1.41mm/a$，上升趋势不显著。

另外以贵州省内及周边 149 个气象站的 1981—2010 年的年降雨量为数据基础，利用 ArcGIS10.3 进行反距离权重插值分析，贵州省多年平均年降雨量空间分布很不均匀，整体上呈东多西少、由东南向西北递减的分布趋势，这与地脉、地形、山体坡向和海拔等因素有关，主要体现在山区大于河谷，迎风面降水多，背风面降水少。受季风和地形的共同影响，贵州省存在 3 个多雨中心，分别为安顺西南部、黔西南州北部一带和黔东南州东南部一带以及铜仁东北部一带，多年平均年降雨量普遍超 1200mm；而少雨区集中在毕节一带、遵义市一带，多年平均年降雨量小于 1000mm。少雨区多年平均年降雨量占多雨区多年平均年降雨量的比例小于 50%。

3.2.3　径流量变化特征

径流是水文循环过程中的重要环节，产汇流过程对地理环境和生态系统有重要的影响。尤其是近几十年来，随着全球气候变暖和人类活动的影响，极端水文事件频发，严重威胁区域生态环境与人类安全，研究径流变化特征对区域城市防洪规划与生态建设具有重大意义。结合线性回归、滑动平均等水文统计方法和喀斯特地貌类型从径流深与径流系数的统计变化特征来讨论贵州省径流的时空分布特征。

选取径流系数分析贵州省各地径流的空间分布特征，以行政区为划分单位，统计分析其多年平均径流系数。贵州省年最大径流深发生在 2014 年，径流深达 694.46mm；最小值出现在 2013 年，径流深为 407.5mm，极值比为 1.7，说明 2000—2017 年径流深在 $407.5 \sim 694.46mm$ 之间变化，变化幅度大。在 2000—2017 年年平均径流深为 526.46mm，径流深整体呈下降趋势，其下降变化率为 1.20mm/a，未通过 0.05 显著性检验，因此径流深下降不明显（见图 3.2）。2000—2017 年径流深时间序列的变差系数 $C_v = 0.181$，说明径流深在 2000—2017 年期间离散程度较小；而 $C_s = -0.5$，呈负偏态分布，说明大于多年平均径流深的年份占比多（见表 3.3）。通过 3 年线性滑动平均，对径流深变化情况进行统计，贵州省年径流深 3 年滑动曲线在 2000—2006 年、2008—2012 年下降，径流深呈现下降趋势，而在 2007 年、2013—2017 年径流深增加，这与降雨量的变化趋势是一致的（见表 3.4）。

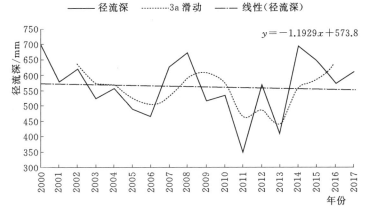

图 3.2　2000—2017 年贵州省年径流深变化趋势

表 3.3　　　　　2000—2017 年贵州省 11 个三级子流域径流深特征值

分　区	流域面积/km²	平均值/mm	最大值/mm（发生年份）	最小值/mm（发生年份）	极值比	C_v	C_s
金沙江石鼓以下干流	4888	328.45	450.08（2001）	161.50（2011）	2.79	0.24	−0.14
赤水河	11412	440.45	638.60（2005）	266.30（2010）	2.40	0.19	0.23
宜宾至宜昌干流	2390	514.81	902.50（2014）	279.80（2011）	3.23	0.28	0.88
乌江思南以上	50592	498.09	618.00（2014）	339.70（2011）	1.82	0.17	−0.40
乌江思南以下	16215	564.79	773.20（2016）	301.80（2011）	2.56	0.23	−0.04
沅江浦市镇以上	28714	607.84	817.20（2015）	418.59（2005）	1.95	0.17	0.09
沅江浦市镇以下	1536	966.21	1348.10（2014）	673.89（2005）	2.00	0.19	0.08
南盘江	7651	591.40	773.76（2001）	270.40（2011）	2.86	0.23	−0.54
北盘江	20982	511.40	684.40（2013）	296.40（2013）	2.31	0.21	−0.38
红水河	15978	607.97	841.78（2008）	355.50（2013）	2.37	0.22	−0.06
柳江	15809	657.53	991.90（2015）	402.50（2011）	2.46	0.25	0.86

表 3.4　　　　　2000—2017 年贵州省 11 个子流域线性回归特征

分　区	流域面积/km²	线性回归方程	线性倾向率/（mm/a）	决定系数
金沙江石鼓以下干流	4888	$y = 1.6845x + 313.29$	1.68	0.01100
赤水河	11412	$y = -5.8326x + 487.11$	−5.83	0.09560
宜宾至宜昌干流	2390	$y = -0.3939x + 517.96$	−0.39	0.00010
乌江思南以上	50592	$y = 5.0012x + 455.58$	5.00	0.08140
乌江思南以下	16215	$y = 0.2237x + 563$	0.22	0.00006
沅江浦市镇以上	28714	$y = 12.572x + 507.27$	12.57	0.28180

分 区	流域面积/km²	线性回归方程	线性倾向率/(mm/a)	决定系数
沅江浦市镇以下	1536	$y=12.666x+864.88$	12.67	0.08860
南盘江	7651	$y=-2.8013x+616.61$	-3.07	0.01000
北盘江	20982	$y=-6.3872x+568.89$	-6.39	0.08210
红水河	15978	$y=10.004x+517.93$	10.00	0.13130
柳江	15809	$y=12.769x+542.61$	12.77	0.14610

从 11 个流域年平均径流深的最大值和最小值来看，沅江浦市镇以下的多年平均径流深为 966.21mm，而金沙江石鼓以下干流为 328.45mm，两者相差了 637.76mm，倍比为 2.94。从年径流深极值来看，沅江浦市镇以下流域最大年径流深为 1348.10mm，发生在 2014 年，最小年径流深为 673.89mm，发生在 2005 年，极值比为 2.00；而金沙江石鼓以下干流最大年径流深为 450.08mm，发生在 2001 年，最小年径流深为 161.50mm，发生在 2011 年，其极值比为 2.79；其他流域最大年径流深在 600～1000mm 之间，最小年径流深在 200～420mm 之间，极值比在 1.9～3.3 之间。11 个流域年径流深的变化差异与各流域的气候条件、下垫面情况和人类活动程度有很大关联。若从 C_v 与 C_s 值来看，宜宾至宜昌干流流域 C_v 值为 0.28，乌江思南以上流域、沅江浦市镇以上流域的 C_v 值为 0.17，根据 C_v 的判别条件，11 个流域的年径流深都处于中等离散程度，11 个流域的 C_s 值不一致，乌江思南以上及以下、金沙江石鼓以下干流、南北盘江、红水河则 6 个流域的 C_s 值为负值，C_s 呈负态分布，说明这 6 个流域年径流深大于多年平均径流深的年份较多。根据线性回归方程，赤水河、宜宾至宜昌干流、南北盘江这 4 个流域的年径流深线性倾向率小于 0，说明这 4 个流域的年径流深总体呈下降趋势。其中，北盘江流域年径流深的线性倾向率为 -6.39mm/a，而在宜宾至宜昌干流流域为 -0.39mm/a。其他流域年径流深均呈上升趋势。沅江浦市镇以上流域、以下流域和柳江流域年径流深线性倾向率分别为 12.57mm/a、12.67mm/a、12.77mm/a，乌江思南以下流域的年径流深线性倾向率为 0.22mm/a。

径流系数反映了流域内自然地理因素对降水形成径流过程的影响，同时反映了流域内的水循环程度，并在一定程度上反映了人类活动的影响。根据贵州省各流域分区 2000—2017 年年降雨径流资料，计算各流域分区径流系数，具体结果见表 3.5。径流系数最小值是金沙江石鼓以下干流的 0.40，最大值是沅江浦市镇以下的 0.72，两者相差较大，表明贵州各地区径流受下垫面影响较大。另外，赤水河、宜宾至宜昌干流、乌江思南以上、乌江思南以下、沅江浦市镇以上、南盘江、北盘江、红水河流域的径流系数分别是 0.47、0.55、

0.49、0.52、0.52、0.48、0.44、0.53。

表 3.5   2000—2017 年贵州省 11 个子流域径流系数

分区	流域面积/km²	主要地貌类型	径流系数
赤水河	11412	非喀斯特区	0.47
宜宾至宜昌干流	2390	喀斯特中等发育区	0.55
乌江思南以上	50592	喀斯特中等发育区	0.49
乌江思南以下	16215	喀斯特中等发育区	0.52
沅江浦市镇以上	28714	喀斯特中等发育区	0.52
沅江浦市镇以下	1536	喀斯特中等发育区	0.72
南盘江	7651	喀斯特较强发育区	0.48
北盘江	20982	喀斯特较强发育区	0.44
红水河	15978	喀斯特发育强烈区	0.53
柳江	15809	非喀斯特区	0.51
金沙江石鼓以下干流	4888	喀斯特较强发育区	0.40

从表 3.5 也可以看出，赤水河和柳江这两个流域处于非喀斯特区，径流系数分别为 0.47、0.51。柳江流域位于贵州高原东部边缘、黔中山原向广西丘陵山地的过渡地带，该流域自西向东倾斜，降水充沛，地表河流密度高，地下补给基流多，赤水河流域处于黔西北地区，降水偏少，但赤水河为山区性河流，洪水暴涨暴落，峰高历时短。非喀斯特地区的喀斯特发育特征不明显，地下溶洞、落水洞等地下水流通道少，地表水不易下渗转化，河网密度大，径流系数一般比其他喀斯特地区要大。但是这两个流域并未表现出与地貌类型相一致的分布规律，可能与局部地区为非喀斯特地貌有关。

宜宾至宜昌干流、乌江思南以上、乌江思南以下、沅江浦市镇以上、沅江浦市镇以下这五个流域大部分面积都处于喀斯特中等发育区，径流系数为 0.49～0.72，沅江浦市镇以下、宜宾至宜昌干流流域集水面积分别为 1536km²、2390km²，径流系数分别为 0.55、0.72。面积小的流域处于喀斯特区与非喀斯特区的交错区，更容易受局部非喀斯特区影响，导致统计的径流系数与大面积流域径流系数不一致。因此，本次采用大面积流域统计相应地貌类型区来衡量对应的径流系数，认为喀斯特中等发育区的径流系数为 0.49～0.52。金沙江石鼓以下干流、南北盘江处于喀斯特较强发育区，径流系数为 0.4～0.48，说明喀斯特中等发育区的径流系数大于喀斯特较强发育区，地貌类型在这些流域的产汇流过程起着重要的作用，甚至控制整个产汇流过程。以处于北盘江流域的六盘水市为例，该地处于贵州省西南部，大部分处于贵州省喀斯特较发育地区，下垫面具有喀斯特地貌特征，地表溶洞、落水洞、填洼等地质构造发育，加上六盘水地势西高东低、北高南低，中部因北盘江的强烈切割侵蚀，起伏剧烈，地表水容易下渗，进一步转化为地下水，地表水与地下水相互补给，转化频繁。因此六盘水市径流系数相对于贵州其他地区来说，处于偏低区域。与六盘水市相邻的毕节市小部分处于喀斯特较发育区，大部分处于喀斯特中等发育区，因此，毕节市径流系数也偏小。

贵州省境内红水河流域位于云贵高原斜坡地带，流域处于喀斯特发育强烈区，径流系数为 0.53。喀斯特发育强烈区可溶性岩丰富，喀斯特特征发育明显，地表断裂带分布广泛，地表水文网分离且不发达，径流系数一般偏小。本次选择的红水河流域虽然处于喀斯特发育区，但由于第四纪地壳间歇式上升，水系发育，统计出来的径流系数比喀斯特发育较弱的地区大。红水河的径流过程受多种因素影响，除了受地貌类型的影响外，还与下垫面、气候及人类活动有关。

总体来说，贵州省内径流系数呈现东南大、西北小的空间分布格局，这与贵州省喀斯特地貌的分布有一定联系。径流的空间分布格局基本符合贵州省的喀斯特地貌分布特点，一般来说，喀斯特发育地区的径流系数小于非喀斯特地区径流系数，考虑到人类活动的影响，尤其是城市化的影响，同等降雨条件下，城市化程度比较大的地区将产生较大的径流量，导致径流系数升高，径流空间分布呈现出比较复杂的特征。单从本次分析结果来看，贵州省中部、东南部分径流系数比其他地区高。

3.2.4 产汇流特征

喀斯特流域与非喀斯特流域（本书主要指我国南方喀斯特地区）在流域产流特征上存在着一定的差异，其本质在于喀斯特流域有其自身特殊的地貌形态结构和含水介质结构。非喀斯特流域，地貌形态结构相对比较单一，大多以流水侵蚀地貌为主，地表常常有土壤层覆盖，壤中流是其流域产流必有的一种径流成分。另外，地表水在较为均一的孔隙介质中储存或运动，基岩裂隙的蓄水对暴雨洪水的分析计算可忽略不计。而喀斯特流域由于水的溶蚀和侵蚀特性，地貌形态结构多样化，再加上碳酸盐岩成土速度极慢，导致流域地貌形态结构决定了土壤层在流域空间上的分布，如地表坡度较大的锥峰、塔峰、缓丘等常常是基岩裸露，仅在洼地底部、盆地、平原地带才有一定厚度的土壤覆盖层，使降雨进入地表后的第二次分配具有一定的意义；其次，由于基岩次生溶隙发育，蓄水和滞水作用为主要功能的微小溶隙与大溶隙管道共存，使基岩裂隙层中的水流成为喀斯特流域造峰流量特有的径流成分。喀斯特流域地貌产流特征表现在以下几个方面：

（1）地表径流下渗快。喀斯特地区地表结构发达，喀斯特裂隙、漏斗、天窗、落水洞遍布。这些天然通道使得降雨快速集中，形成径流，补给地下水，导致喀斯特地区的地表水系不发达，地表浅层难以滞留水量。

（2）河流坡降大，径流迅速。喀斯特山区地表河流大多为源发性河流，补给来源为大气降水。而雨季主要集中在 6—9 月，约占全年降水量的 75％。降雨集中，地形坡降大，径流形成快、排水退水较快，容易引发山洪、泥石流等自然灾害。洪水淹没范围多呈线性淹没。

（3）地形起伏较大，地势复杂。喀斯特山区地形起伏较大，地势复杂多变。山地、盆地、平原相互交错。复杂的地形地貌为蓄水提供了先决条件。具备了较好的塘、堰建设自然条件。

由于喀斯特地区独特的水文特征，在海绵城市建设时不能照搬其他地区的建设模式，要充分考虑喀斯特地区的水文特点对海绵城市建设的影响，结合实际，因地制宜。

（4）产流模式与地貌类型的一致性。喀斯特流域产流特征与产流模式、流域地貌形态结构密切相关，地貌类型的差异可直接导致产流机制的改变。例如，从峰丛洼地到峰林盆地，以地下径流和裂隙层超蓄地面径流机制为主的产流模式会改变为以壤中径流和饱和地面径流为主的产流模式（梁虹，1995）。

（5）蓄满产流机制的分层性。尽管产流模式与地貌类型密切相关，并涉及产流机制成分及其组合，但从流域地貌产流过程的本质上来看，喀斯特流域产流计算模式可多以蓄满产流为主。在喀斯特峰丛洼地流域，具有蓄水作用的含水层仅分布在地表裂隙带，且下渗强度大，但由于表层蓄水容量小，场次降雨常可达到蓄满，必然产生侧向运动的地下径流和饱和地面径流，因而产流量仅与降雨量有关（梁虹，1995）。

（6）产流成分的多样性。由于喀斯特流域介质结构除了土壤层孔隙结构外，还具有碳酸盐岩的溶蚀微小裂隙结构和较大溶蚀及侵蚀的大裂隙管道结构，因而除了非喀斯特流域所具有的壤中流、超渗地面径流、饱和地面径流、坡面回归径流和皮下径流（指液相和固相二相结构体中的径流）外，还具有喀斯特流域所特有的基岩裂隙层中的皮下径流和裂隙管道径流等侧向运动水体，表现了喀斯特流域的多种界面产流特征（梁虹，1992）。

3.3　喀斯特地区城市水文特征及对海绵城市建设的建议

（1）加强生态建设。我国典型的喀斯特地貌主要分布于西南部，西南喀斯特出露面积达 54 万 km^2，水土流失严重，环境容量低，生态环境敏感度高，生态环境脆弱，承灾阈值弹性小。喀斯特地貌区属于我国四大生态环境脆弱区之一，是我国生态建设的重点区域，喀斯特地区植被遭受破坏后，生境的旱生化迅速加剧,局部阴湿生境消失,水土流失越发严重。喀斯特区的城市建设就是在这样的背景下展开的,所以防止水土流失是喀斯特地区海绵城市建设的重要任务。

(2)新建为主,旧改为辅。西南喀斯特地区的国家级贫困县多达 152 个,整体而言,由于人地关系矛盾突出,喀斯特地区较我国其他地区相比多为欠发达地区。近几年,虽然在国家的大力扶持和开发下,城市化进程加快,但经济基础较差,地形破碎,建筑密集,新城区绿化面积少,旧城区排水系统老化严重。所以,要完成"在 2020 年及 2030 年分别达到城市建成区 20% 以及 80% 以上的面积达到海绵城市建设目标",应积极在城市新区开展海绵城市的建设,对于旧城区,应以问题为导向,结合旧城改造实施低影响开发措施的建设,不宜大拆大建,进行海绵城市的改造。

(3)加强景观建设。喀斯特地貌类型多样,造型奇特,风景秀丽,适宜旅游业的开发,因此在喀斯特地区进行海绵城市的建设要考虑景观的美观与协调。在国外应用比较成熟的雨水花园、绿色屋顶、垂直绿化都有很好的景观美化作用,同时具有很好的实用性。我国西南喀斯特区位于亚热带湿润气候区,春夏有非常好的雨热条件,适宜建设此类景观。

(4)注意水污染防治。喀斯特地区的水污染包括地表水污染和地下水污染。喀斯特地貌的地下水发育,地下水循环周期漫长,极易受到污染,恢复十分困难,因此在喀斯特地区建设海绵城市更需要注意水污染的防治。

(5)智慧化建设。海绵城市建设的主要考核标准是年径流控制率,健康的水循环需要检测水质,建设过程中急需引入现代信息技术。现代信息技术在信息的监测、收集、整合、分析、模拟、优化等方面有着传统技术不可比拟的优势。现代模拟、分析、监测的信息技术对海绵城市规划起着重要的作用。喀斯特流域的水文情况十分复杂,地下水情况难以进行人工观测,枯水期、平水期和丰水期的水文情况不同,且流量的响应对降雨有一定的滞后性,更需要现代信息技术的助力。当前,我国海绵城市的建设主要着眼于工程建设,而忽略了海绵城市的管理,导致后期维护工作难以展开。智慧海绵城市利用以物联网、云计算、大数据为核心的新一代信息技术来监测、分析、整合城市各项信息,做出快速、智能反应,实现城市内和城市间在智慧技术支持下的跨越时空的物与物、人与物、人与人的网络数字信息联系,使各类资源的效能达到最大化和最优化,为居民创造更美好的城市生活(游媛等,2017)。

3.4 本章小结

本章从地形地貌、水文气象、土壤植被、河流水系及城市防洪排水现状等方面对贵州省做了详尽的介绍。主要对贵州省 2000—2017 年年降雨、径流时间序列进行线性回归分析，结果表明：降雨量、径流量整体呈下降趋势；突变点分析，贵州省出现降雨量、径流量突变的年份均为 2013 年，贵州省内多年平均径流系数为 0.41~0.56，局部区域高达 0.72。此外，又结合喀斯特地区的水文特点对海绵城市建设提出了相关建议，为喀斯特地区建立城市暴雨洪涝模型奠定基础。

SWMM 模型

4.1 模型概述

暴雨洪水管理模型（Storm Water Management Model，SWMM）是由美国国家环境保护局在 20 世纪 70 年代开发，面向城市的雨水径流水量和水质分析的综合模型，适用于城市内单场降雨及连续降雨径流水量和水质模拟。其径流模块可以模拟一系列子汇水区降雨形成的径流量和污染负荷；管网演算模块可以模拟径流在管道、渠道、调蓄处理设施、泵站、控制设施的流量和水质变化，也能模拟汇水区、管道、检查井等水文、水力和水质要素的时空分布。SWMM 模型可用于城市暴雨径流、合流制管道、污水管道和其他排水系统的规划、设计等，整合了建模区域数据输入、城市水文、水力和水质模拟、模拟结果浏览等功能，具有时序图表、剖面图、动画演示和统计分析等多种结果表现形式。

SWMM 模型将排水系统概化为径流和物质（主要是污染物）在不同功能模块之间的运移，并将排水系统概化为具有不同功能的模块，这些模块包括大气模块、地表模块和运移模块。大气模块主要接受降水数据，来自大气的降水和污染物通过大气模块可直接进入地表模块，沉淀物堆积在地表环境中。在模型中，地表模块的输入数据接口是降雨量，地表模块的主要功能是模拟水流在地表的运动，接受来自大气模块降水产生的径流，并将径流通过下渗的方式将水流传送到地下水，同时也将地表径流和污染物输送到运移模块；运移模块是模型的核心模块，其主要功能是模拟水流和物质在管道或河流之间的运移过程，运移模块由一系列具有传输性质的设施或具有储水和处理性质的设施组成。

4.2 研究进展及应用

4.2.1 SWMM 应用现状

SWMM 模型是第一个综合性城市径流分析模型，经过不断地完善和升级，目前已经发展到 SWMM5.1，于 2014 年 10 月发布，其发展历程见表 4.1。该版本以 Windows 为运行平台，具有友好的可视化界面和更加完善的处理功能，可以对研究区输入的数据进行编辑，模拟水文、水力和水质情况，并可用多种形式对结果进行显示，包括对集水区域和系统输水路线进行彩色编码，提供计算结果的时间序列曲线和图表、坡面图以及统计频率分析结果等。广泛运用于城市暴雨洪水、合流制管道、污水管道以及其他排水系统的规划、分析和设计（王海潮等，2011）。

表 4.1   SWMM 发 展 历 程

年份	版本	开发机构	改　　进
1971	SWMM1	M&E，UF，CDM	—
1975	SWMM2	UF	引入 Extran 模块，可以按指定路线输送水流，分析更全面
1981	SWMM3	UF，CDM，OSU	地区的灵活性增强；对某些特征模拟更精确；资料输入输出更方便
1988	SWMM4	UF，CDM，OSU	地区的灵活性增强；对某些特征模拟更精确；资料输入输出更方便
2004	SWMM5	EPA，CDM	相应水质分析得到提高
2014	SWMM5.1	EPA	增加雨洪管理措施模拟功能

4.2.2　国内外研究进展

国外对于 SWMM 的研究几乎与其开发历史相当。美国对 3 个流域 12 场暴雨事件的研究结果表明，TRRL、SWMM 和 UCURM 模型在典型小流域的模拟结果与实测径流较为接近。国内 1990 年开始对 SWMM 模型进行研究。叶为民等（1990）翻译了 C. Baraut 和 J. W. Delleur 的《校正洪水管理模型的专家系统》一文，开启了国内对 SWMM 模型的研究与应用历程。相对于国外而言，国内虽然对 SWMM 模型研究起步较晚，但是对参数敏感性分析、自动率定、与 GIS 耦合等方面已形成了一定的理论研究体系，为 SWMM 模型的进一步完善奠定了基础。SWMM 模型强大的功能和免费易上手的特点，使其得到了专业内的认可和广泛应用。

4.2.2.1　国外研究进展

1. 雨洪模拟方面

SWMM 模型自 1971 年被美国国家环境保护局开发后，很快获得了广泛关注，并被投入应用。初期只是用于单纯的雨洪过程模拟和一些验证性、参数不确定性的研究。20 世纪初，SWMM 模型在城市雨洪过程模拟方面得到了进一步的肯定和证明，以 SWMM 模型为基础的城市水文分析、优化研究也得到进一步发展。另外，部分学者转向将 SWMM 模型与其他模型、算法结合研究，以期扩展模拟范围、提高精确度。Kug 和 Lee（2003）以韩国大田市为例，分析了不同城市化程度、设计暴雨情景下的城市流域水文过程。Camorani 等（2005）用 SWMM 模型预测了意大利博洛尼亚市附近小流域在三种不同土地利用条件下的水文过程。Dong Xin 等（2008）研究了在不透水表面下 SWMM 模型参数的确定方法。Piro 等（2010）分析了意大利 Cosenza 市的排水系统并提出了优化方案。Chow 等（2012）用升级后的 SWMM 模型分别模拟了住宅区、商业区和工业区 3 种城市流域的雨洪过程和水质变化，模拟结果与原始数据吻合良好。Liu 等（2013）结合 SWMM 和 IHACRES，以美国俄亥俄州哥伦布市部分区域为例，研究了城市河流的基流特性。Huong 和 Pathirana（2013）以越南芹苴市为例，用 SWMM 模型分析了城市化及气候变化对流域雨洪过程带来的影响。Vander 等（2014）用 SWMM 模型成功模拟了澳大利亚悉尼市西部的雨洪过程。

2. 水质模拟方面

21 世纪初，SWMM 模型在水质模拟方面取得突破，并逐步投入到与其他模型结合的研究中，例如将该功能作为基础参与影响水质因素的评估研究。Burian 等（2001）将 SWMM 与 CTI 模型结合，用于模拟分析美国洛杉矶地区大气和雨水过程中含氮物质的输移过程。Hepbasli（2003）将 SWMM 模型与 HSPF、P8 和 IOPLATS 三个模型结合，提出模拟分析城郊地区降水径流污染的方法。Patrick 等（2002）以美国明尼苏达州双城大都会区域为研究对象，构建 SWMM 模型对区域内的污染物浓度、季节和土地进行了分析，发现污染物在融雪径流中的平均浓度比在降水径流中高，几乎所有污染物浓度的季节性差异都很大。Dohyson 等（2005）用 SWMM 模型模拟分析了韩国的降雨径流面源污染负荷。Jang 和 Park（2006）结合 SWMM 与 GIS，以韩国一小流域为例，分析了联合下水道溢流对城市径流非点源污染的影响。Temprano 等（2006）分析了西班牙桑坦德水质污染情况，得到了精确度较高的模拟结果。Smith 等（2007）以 SWMM 模型水质模块为基础提出了控制城市降水径流污染的最优方案，包括成本和效率两个方面的考量。Lee 等（2010）将普遍使用的两个水质分析模型 HSPF 和 SWMM 模型进行了对比，得出在时间步长以小时为单位的条件下，HSPF 更为有效。Shon 等（2013）以韩国釜山市为例，用 SWMM 模型研究了不同土地利用方式对非点源污染负荷的影响。Gamache 等（2013）为波士顿的排水管道建立了 SWMM 水质模型，模拟效果良好。Piro 和 Carbone（2014）建立了意大利科森扎部分区域的 SWMM 水质模型，分析了当地固体悬浮颗粒的冲刷和输移过程，并用八场暴雨过程进行了验证，模拟效果良好。

3. 低影响开发方面

Villarreal 和 Annette（2004）在人工模拟 0.5 年、2 年、5 年和 10 年降水重现期下对中心城区的雨水管理措施效果进行了模拟，发现绿色屋顶能够明显减少屋顶的径流量，并且滞留塘对削减 10 年一遇降水产生的洪峰流量效果显著。Shon 等（2013）以 SWMM 模型为基础，研究了工厂区低影响开发措施（LID）削减非点源污染的效果。Park 等（2014）构建了韩国蔚山广域市 SWMM 模型，探讨了三种调蓄池（标准分别为 2 年一遇、10 年一遇、100 年一遇降水）所需的规模以及可调蓄的区域范围，并将建筑、土地费用以及直接经济利益做比较，结果表明，设计标准为 2 年一遇的调蓄池盈利最多。

4.2.2.2　国内研究进展

1. 雨水模拟方面

国内 1990 年以后开始对 SWMM 模型进行研究，并以各种典型城市为例开展研究，证明了 SWMM 模型可以很好地模拟国内许多城市的雨洪过程。近年来以 SWMM 模型为基础应用于城市雨水模拟方面的研究得到发展，同时也有很多研究者致力于 SWMM 模型与其他模型的耦合，以期取长补短。

刘俊和徐向阳（2001）首先将 SWMM 模型投入应用，建立了天津市的产汇流模型，并用王顶堤小区和纪庄子试验区的观测数据对模型进行了参数率定和检验，对天津市区二级河道进行了排涝模拟，并计算出市区内有关控制断面的出流过程。任伯帜等（2006）采用 SWMM 模型对长沙市霞凝港区三场降水径流过程进行模拟，证明该模型在港区小流域雨洪分析中有较高的精度。丛翔宇等（2006）基于 SWMM 模型，对北京市典型小区的暴雨过程进行了模拟分析，并计算出不同绿地形式和道路条件对径流量的影响。章程等（2007）以桂林丫吉为例，验证了 SWMM 模型可以用于模拟预测喀斯特峰丛注地系统的降雨径流过程。吴月霞（2007）模拟了重庆金佛山水房泉的两种降水径流过程，与实测数据吻合较好，证明了 SWMM 模型可以用于喀斯特区的雨水模拟。赵冬泉等（2008）基于地理信息系统对 SWMM 模型城市排水管网模型进行快速构建，并在澳门某小区进行了应用和案例分析。陈鑫等（2009）运用 SWMM 模型对郑州市区 1.85km² 的区域进行了雨洪模拟、对城市排涝与排水体系重现期衔接关系进行了分析研究。

黄卡（2010）利用 SWMM 模型和实测资料、推求了南宁心圩江的暴雨洪水过程，并据此提出城市排水的优化方案。同年，胡伟贤等（2010）通过理论分析证明了 SWMM 模型可应用于模拟山前平原区城市的雨洪过程，并用济南市 15 场暴雨的实测数据进行了检验，模拟结果良好。牛志广等（2012）将 SWMM 模型与 WASP 结合，实现了华北某生态小镇的雨洪过程及水质变化过程的模拟。宋敏等（2011）将 SWMM 模型应用于模拟珠江三角洲地区城市雨洪过程，并据此提出削减洪峰流量的方法。张杰（2012）利用 SWMM 模型与 GIS 结合，模拟验证并预估了郑州市的暴雨灾害。付炀（2013）将 SWMM 模型与 Infoworks CS 结合，模拟计算了长沙市南湖路排水系统在暴雨条件下的工作状况，并提出了改进方法。边易达（2014）将 SWMM 模型与 HEC-HMS 模型耦合，模拟分析了济南市小区域内的排水系统。

2. 水质模拟方面

经过国内各地模拟验证，SWMM 模型可以很好地模拟区域内水质变化过程。但国内以 SWMM 模型为基础的城市优化、措施评估类研究还较少。林佩斌（2006）利用 SWMM 模型模拟了深圳市的面源污染过程，分析了河流水质的受影响程度。王志标（2007）利用 SWMM 模型模拟了各种条件下重庆棕榈泉小区的非点源污染负荷，结果与监测数据匹配较好。李家科（2009）以 SWMM 模型为基础，定量计算了河流域的非点源污染负荷。邹安平（2010）等基于 SWMM 模型对深圳市的面污染和点污染情况进行了模拟分析。金蕾等（2010）论证了 SWMM 模型可以用于估算北京市的非点源污染负荷。韩娇（2011）以东莞市牛山汇水区为例，以 SWMM 模型为基础进行了城市降雨径流面源污染动态模拟，并用监测数据检验，结果精度较高，为城市面源污染控制分析提供了依据。张倩等（2012）利用 SWMM 模型研究了截流式合流制降水径流污染。马晓宇等（2012）构建了温州市典型住宅区非点源污染负荷的 SWMM 计算模型，分析了在不同降水条件下，非点源污染总悬浮固体量、重铬酸钾做氧化剂化学耗氧量（COD_{Cr}）、总氮（TN）含量和总磷（TP）含量的污染负荷量及其累积变化过程，结果表明，SWMM 模型效果较好，四种污染物模拟的相对误差均小于 10%。

3. 低影响开发方面

我国运用 SWMM 模型解决了各种水文问题，除城市化地区外，还广泛应用于小流域、地下室、屋顶绿化等方面。陈守珊（2007）以天津市为例，应用 SWMM 模型讨论了几种雨水利用模式及其可行性，计算出了雨水利用带来的削洪和供水效益。贾海峰等（2014）以 SWMM 模型为基础，提出了一系列城市降水径流控制低影响开发最佳管理值（LID BMP）。晋存田等（2010）采用 SWMM 模型对北京某区域内铺设透水砖和采用下凹式绿地措施后对排水管道主要断面洪峰流量的变化进行了分析，结果表明，两种措施均可有效削减洪峰流量，减小径流系数，但下凹式绿地在降水频率较大的地区效果较好，透水砖则在降水频率较小的地区效果较好。李东等（2011）用 SWMM 模型研究了下凹式绿地、透水砖等构造对城市雨洪过程的影响。桑国庆等（2012）以济南市某小区为例，采用 SWMM 模型分别对雨水滞留池和蓄水池模式下的城市雨水过程进行了动态模拟。结果表明，雨水滞留池侧重于洪水调节，蓄水池利用自身容积对雨水进行调节，相比雨水滞留池其侧重于洪水利用。何爽等（2013）利用 SWMM 模型评估了单个组合 LID 措施下的雨洪控制利用效果。王昆等（2014）基于 SWMM 模型，研究并提出了渗渠措施的补偿机理。李东等（2017）应用 SWMM 模型对郑州大学新校区在不同暴雨重现期、不同峰值比例、不同城市化程度和 LID 情景下进行暴雨洪水模拟，结果表明暴雨的雨型对模拟结果有重要的影响，该模型较好地预测了研究区域排水管网的排水能力，以及在不同情景下的模拟结果。程桂（2017）运用 SWMM 模型对宜兴市中心城区某试验区进行雨洪控制效果模拟，结果表明：渗透性铺装、生物滞留池、雨水花园及三种海绵体组合措施都可有效降低平均径流量、峰值流量、平均径流系数。谭卓琳（2017）以哈尔滨市辰能溪树庭院为研究区，建立 SWMM 模型对雨水花园、透水性铺装、绿色屋顶三种低影响开发设施进行雨洪控制效果的模拟及分析，结果表明，对低影响开发设施的具体材质、面积和相关参数进行优化，经优化后的低影响开发措施削减径流的效果显著。

4.3 SWMM 模型发展趋势

4.3.1 SWMM 衍生模型

近年来在 EPA SWMM 的基础上，众多公司开发了各种衍生模型（王海潮等，2011），见表 4.2。

表 4.2   各 种 衍 生 模 型

模型名称	开发机构/个人	改　　　进
MIKE URBAN	DHI	和 GIS 界面完全整合；可自动率定；包含生物过程模块，可模拟化合物反应过程
PCSWMM	CHI	可直接将 SWMM 数据导入 GIS 方便 SWM 的更新升级；可进行参数敏感性分析
XPSWMM	XP Soft	引入二维模拟；XP 界面代替嵌入式专家系统；与 CAD、G5 有良好的接口；在原有 SWMM 动力波解决的方面有所增强
InfoSWMM	MWH Soft	可轻松处理节点和链接较多的系统，有着超强的模拟功能
OTTSWMM	Wisner, Kassem	用于双排水系统模型，可同时解决主要和次要系统流动方程

（1）MIKE URBAN。MIKE URBAN 是丹麦水利研究院（简称"DHI"）结合 SWMM5 和 EPA NET（标准模拟供水管网软件）开发的软件，基于 MOUSE 模型界面，与 GIS 用户界面做到了完全的整合。MIKE URBAN 主要是利用 DHI 公司的水动力模块，以克服 SWMM 模拟水动力过程的缺陷，可用于任何忽略分层的二维自由表面流模拟；从 SCADA 系统获取数据进行在线

分析，模拟结果（包括水动力、水质和能量消耗）实时在用户界面上显示；诊断最易发生淤积的管道和在城市暴雨时最易发生洪水的地点；描述多种化合物系统的反应过程，包括有机物的降解、空气和污水管网需氧量的氧交换等。但是，MIKE URBAN 在水质模拟过程（包括水质处理）中存在缺陷，且在无缝集成方面有所欠缺，单独水流间时运行的反馈获取；在选择水源和供应优先级上有所限制，自由度不大。

实际应用中，马洪涛等（2008）针对城市积水问题，提出了基于 MIKE URBAN 的应急排水措施制定方法，为有效准确地制订城市积水应急预案提供了基础，并在北京市奥运中心区进行了应用。韩冰等（2011）基于 MIKE URBAN 软件建立了上海市浦西世博园区供水管网水力、水质模型，评估了管网系统正常运行时的工况，对消防事故预案进行了分析，发现水质问题后，通过模型予以解决，保障世博园区（浦西）的供水安全。

（2）PCSWMM。PCSWMM 是加拿大水力计算研究所（Computational Hydraulics International）开发的 SWMM 计算机界面，专为 SWMM 引擎更新而设计。PCSWMM 加入了敏感性分析，可以在基于降雨量（包括雨量分布图）和其他气象输入，以及在系统属性（集水区、运输、存储、处理等）的基础上，精确地模拟真实降雨事件，从而预测雨水径流在数量和质量方面的特性；引入了 GIS 接口程序，可直接将 SWMM 中的输入洪水高程导入至 GIS 数据库，从而有效减少模拟的场次降雨事件。但是，PCSWMM 在模拟透水比例较高的非城市化地区时，不管模拟时间是干燥的夏季还是湿润的秋季，流量都普遍偏低。

实际应用中，Tillinghast（2011）选取了 House Creek Watershed $5.22 \times 10^4 \text{ m}^2$ 的流域作为研究区域，选用 SWMM5.1 和 PCSWMM，通过研究河道护坡、特定横截面、河段的卵石、流域土地等，估算临界流量、允许的年度侵蚀小时数及允许的年度河道每单位宽度侵蚀推移质沉积物量。

（3）XPSWMM。XPSWMM 是 XP 软件有限公司（XP Soft）基于 SWMM 开发的软件，包括暴雨、污水排水系统（包括污水处理厂）的水文、水力、水质分析。XPSWM 将二维分析引擎 TUFLOW 作为 XP 二维模块，用于二维曲面模型；建模系统包含图形用户界面和分析引擎以及 CAD/GIS 类型接口和数据管理工具；对计算引擎有单一的接口，可以进行强大的水力水质运算；支持用一系列图形对象（链接与节点）代表物理系统，处理只有照片可用的大项目；有完整的后处理程序，可以进行最佳管理措施仿真模拟等。但是，XPSWMM 无法模拟地下水在集水区之间的交互；模型以库朗数为指导，避免数值衰减，但选取的时间步长对此影响较大；软件绘图模块从第三方购买，漏洞多，没有基础选择，数据展示不完善。

实际应用中，Leonard 和 Madalon（2007）在世界环境和水资源会议（Word Environmental and Water Resources Congress）上展示了 XPSWMM 最优管理措施对子流域和集水区影响的成果。

（4）InfoSWMM。InfoSWMM 是美华软件有限公司（MWH Soft）基于 SWMM 模型开发，无缝集成 GIS 技术与先进网络建模技术，可以保证工程解决方案的成本效益。InfoSWMM 可以有效管理城市雨水和污水收集系统，具有城市雨水和污水分析的功能：每个支流集水区径流的质量、流量及水深，模拟包含多个时间步长每个管道和渠道的水质，允许回水效果的模拟；能够求解完整的动力波方程，含有大量接口。但是，InfoSWMM 需要的输入参数较多，当数据资料不充分时，难以进行精确的建模和模拟；模型使用显式解决方案求解圣维南方程，可能会带来不稳定性。

实际应用中，Birth（2014）以芝加哥 Oakdale Avenue 流域的 $5.22 \times 10^4 \, \text{m}^2$ 的集水区为研究区域，分析了不同程度的管道和支流集水区聚集对简化混合排水系统的影响，研究中，选用了 HEC-HMS、InfoSWMM、ILLU-DAS 等模型，指出 InfoSWMM 是研究中最复杂的模型，但是使用简单，而且提供了友好的界面去分析水文水力行为，解决了系统中沟管水流的完全动力波模型。

（5）OTTSWMM。OTTSWMM 是基于 SWMM 模型开发的适合双排水系统模拟分析的软件。OTTSWMM 模型中主要和次要的排水系统不需要平行或者处于同一方向，雨水管道路线被看作自由表面流。对于小的系统超载，用户可以限制雨水管道进口或逐步扩大管道去携带流量。但是，OTTSWMM 无法模拟管网的回水、逆流，只有与 SWMM 模型的扩展模块结合，才能采用完整的动态波解决更为复杂的超载问题，同时需要在雨水口处有流量限制设备，保证雨水管网为自由表面流。

实际应用中，Wisner 等（1984）证实了利用限制路源进水口去减少超载的同时，也加大了主要排水系统中的水流。Pankrantz 等（1995）用 SWMM，OT-THYMO-89 和 OTTSWMM 三种双排水建模方法处理加拿大复杂的埃德蒙顿街道洪水情况，结果表明，OTTSWMM 可以对较低的地区街道洪水进行相对完整的模拟。

4.3.2　SWMM 应用展望

虽然众多版本的版本升级已使 SWMM 趋于完善，但在未来的发展中，SWMM 应更加关注水文过程特征研究、拓展 SWMM 处理范围、增加二维或三维动态模拟和实现无充足资料地区数值模拟等方面的改进，以期更加真实地模拟城市水文过程。若 SWMM 模型能克服模拟水动力过程的缺陷，将拥有更加广阔的应用空间。

SWMM 模型的局限性及衍生模型对 SWMM 的改进，为今后 SWMM 的发展研究提供了方向：

（1）进一步研究水文过程物理规律。SWMM 模型是一个概念性水文模型，水文过程的物理规律目前还未完全表述，在一定程度上限制了 SWMM 模型的发展。

（2）拓展 SWMM 模型处理范围。引入泥沙沉积模块，提高对暴雨径流中泥沙和污染物的模拟能力，包括对地表侵蚀冲刷和管道中泥沙污染物运动、污染物与泥沙相互作用以及污染物在地表和管道中生化反应过程的模拟，提高对水质分析的精确度；引入地下水质分析模块，对地下水的质量、运动路线进行建模；引入土地分析模块，模拟不同土地类型、土地利用格局带来的影响。

（3）地表地下耦合求解。实现地表径流与地下管网排水之间的数据交换，耦合求解水动力模型，使模型能够精确计算出内涝淹没深度。

（4）无充足资料或无资料地区数值模拟。在 SWMM 模型中应探讨在无充足资料或无资料情况下模拟城市地表径流污染负荷的途径和方法，并能处理只能获取照片资料的工程。

（5）克服 SWMM 模型模拟水动力过程的缺陷，在城市内涝模拟中将发挥更大的作用。

4.4　模型对比分析

SWMM 模型、Infoworks CS 模型、MOUSE 模型已经被国内众多机构和学者使用，因此作为模型使用者来说，遇到实际问题时如何选择合适的模型就成了一个难题。表 4.3 从不同角度对 SWMM 模型、Infoworks CS 模型、MOUSE 模型进行了对比分析，提供了一种比较机制，模型使用者可以根据实际情况来进行对比选择。

综上所述，SWMM 模型具有简单、实用、容易上手等特点。其不仅适用于城市管道水力学模型构建，同样适用于明渠水力学模型构建，更加适用于多种土地利用下垫面的情况，用户可以免费使用并获得源代码对模型进行定制。由于起步较早，对 Infoworks CS 模型、MOUSE 模型的软件开发具有一定的借鉴意义。

Infoworks CS 模型、MOUSE 模型功能强大，操作起来相对复杂，具有良好的前处理、后处理功能，动态结果展示更加直观，产汇流模型可选择余地较多，适用性更好，实现了与 GIS、AutoCAD 等专业软件的对接，更加适用于城市管道水力学模型构建，需要付费，不能进行定制。三个软件都没有与

表 4.3　　　　　　　SWMM 模型、Infoworks CS 模型、MOUSE 模型对比

对比因素	SWMM 模型	Infoworks CS 模型	MOUSE 模型
气象信息输入入流	降雨，温度，蒸发，风速，融雪，节点入流	降雨，温度，蒸发，风速，融雪，节点入流	降雨，温度，蒸发，风速，融雪侧向入流，节点入流
产流模块	Green - Ampt 模型 Horton 模型 SCS 曲线	固定比例径流模型，Wallingford 固定径流模型，新英国径流模型，SCS 曲线，Green - Ampt 模型，Horton 模型	时间面积曲线，运动波，线性水库，单位线，长系列模拟（额外流量；RDI 模型）
汇流模块	美国非线性水库模型	双线性水库模型，大型贡献面积径流模型，SPRINT 径流模型，Debordes 径流模型	
地下水模块	两层地下水模型	无	地下水库（RDI 模型）
渠道模块	稳定流，运动波，动力波	圣维南方程组	动力波，扩散波，运动波
水质模块	地表径流水质污染物运移	生活、工业污水，污染物运移	地表径流水质，废污水，污染物运移、降解
泥沙沉积	无	分永久沉积和泥沙运移两层	地表沉积，管道沉积，泥沙运移
旱流模块	节点入流定义旱流量，渠道入渗，人工设定时间步长	居民生活污水，工业废水，渠道入渗，自动设定时间步长	废污水，渠道入渗，人工设定时间步长
工程措施	管道，堰，孔，闸门，蓄水池，泵站	管道，堰，孔，闸门，蓄水池，泵站	管道，堰，孔，闸门，蓄水池，泵站
二维模块	无	二维地面洪水演算模型	二维漫流模型
数据接口	与图片进行对接	与 GIS、AutoCAD、Google Earth 实现对接	与 GIS、AutoCAD、Google Earth 实现对接
所有权	免费	付费	付费

RS 专业软件的数据接口，其主要原因是遥感技术正处在一个蓬勃发展时期，在城市水文循环方向的应用还不成熟，依然处在探索阶段。随着 RS 技术的成熟与应用范围的拓展，与 RS 专业软件的结合将成为城市雨洪模型的发展趋势（王海潮等，2011）。

4.5　SWMM 水文模拟原理

SWMM 模型水文模拟是在子汇水区的基础上完成的，子汇水区又称子流域（对流域）或子汇水面积（对城市），是模型中最小的水文响应单元。子汇

水区分为透水区和不透水区两部分，不透水区也分为两部分：一部分是具有蓄水功能的区域；另一部分是不具有蓄水功能的区域。地表径流通过透水区下渗到不透水区，水流可相互流动，最后流入同一排放口。城市暴雨洪水模型分为地表产流模块、地表汇流模块和管网汇流模块三部分。

4.5.1 地表产流模块

径流在子汇水区汇集后根据地表的物理特性及排水管网布设位置，可以通过集水节点流入排水管网或者流入相邻的另一子汇水区。

当降雨落到汇水区以后，需要计算降雨损失量。不同类型汇水区的损失量计算方法不同，由此引出不同的产水量计算方法。

模型中将下垫面分为有洼蓄量不透水地表（A_1）、无洼蓄量不透水表面（A_2）、透水地表（A_3）三个部分，如图 4.1 所示。

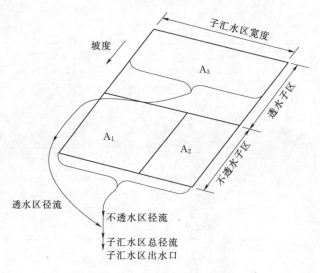

图 4.1 雨水模型下垫面划分

（1）有洼蓄量不透水地表产流量。有洼蓄量的不透水区地表的降雨损失主要考虑地表洼蓄量，产流量的表达式为

$$R_1 = P - d \tag{4.1}$$

式中：R_1 为有洼蓄量的不透水区地表的产流量，mm；P 为降雨量，mm；d 为地表洼蓄量，mm。

（2）无洼蓄量不透水区产流量。无洼蓄量的不透水区地表产流即该区域的降雨量，产流量表达式为

$$R_2 = P \tag{4.2}$$

式中：R_2 为无洼蓄量的不透水区的产流量，mm；P 为降雨量，mm。

（3）透水区产流量。透水区地表的降雨损失主要考虑下渗量，透水区地表的产流量表达式为

$$R_3 = (i - f)T \tag{4.3}$$

式中：R_3 为透水地表的产流量，mm；i 为降雨强度，mm/s；f 为入渗强度，mm/s；T 为降雨历时，s。

对于下渗量的计算，下渗是降水通过子汇水区透水区域地表进入下层土壤的过程，SWMM 模型中用于计算入渗损失和地表产流的模型有霍顿（Horton）方程、修正霍顿方程、格林-安普特方程（Green - Ampt）和 SCS - CN 四种。

1）霍顿（Horton）方程。霍顿方程根据长期试验观测经验得到，其原理如下：在一个长历时降水事件过程中，下渗衰减指数从初期的最大下速率减小到某一最小值。输入参数包括：最大和最小下渗速率、用来描述速率随时间变化的衰减系数以及土层从完全饱和到完全干燥所需要的时间。其计算方程如下：

$$f_t = f_0 + (f_0 - f_c)e^{-kt} \tag{4.4}$$

式中：f_t 为 t 时刻的下渗率，mm/h；f_0 为土壤初始下渗率，mm/h；k 为入渗衰减系数，与土壤的物理性质有关，1/h；t 为下渗历时，h。

2）修正霍顿方程。修正霍顿方程是经典霍顿方程的修正版本，其目的是提高计算精度。当发生较小强度降水时，变量参数采用最小速率时的积累下渗量代替长系列霍顿曲线数，以提高计算精度。

3）格林-安普特方程（Green - Ampt）。格林-安普特方程在模拟下渗时，假定土壤层存在一个将初始土壤含水层与饱和土壤含水层分割开来的湿润锋，湿润锋位于两者之间。计算时，将土壤分为非饱和区域和饱和区域两部分，两部分下渗量分别进行计算。输入参数包括：初期土壤含水量、水力传导度以及湿润锋的水头高（深）。下渗水量计算方程如下：

当净降雨量小于土壤饱和含水量 W_m 时，没有下渗水量产生。

当土壤饱和含水量 $W_m >$ 净降雨量 $I >$ 土壤含水量 W 时，$f = 1$，下渗计算方程为

$$W = \frac{a_0 \cdot W_m}{\dfrac{1}{K_s} - 1} \tag{4.5}$$

式中：W 为土壤含水量，m³；a_0 为土壤平均吸附力；K_s 为饱和土壤导水率；W_m 为最大下渗水量，m³。

当净降雨量 $I >$ 土壤饱和含水量 W_m 时，$f = f_t$，下渗计算方程为

$$f_t = K_s \left(1 + \frac{a_0 \cdot W_m}{W}\right) \tag{4.6}$$

4）SCS-CN。由于地形、地貌、地质、土壤和植被条件的不同，喀斯特地区和非喀斯特地区的地表产流过程存在一定差异。在喀斯特地区，径流不仅受降雨量、降雨强度和下渗能力的影响，还受下垫面及喀斯特发育的影响，SCS 入渗模型能够从客观上反映地表产流受不同土壤质地及地表覆被状况的影响程度，是一种比较理想的集水区径流计算方法。因此，SCS 双曲线模型可用于估算喀斯特地区的入渗产流。

SCS 数值曲线在《小流域 SCS 研究——以城市水文为例》（1986 年）一书中列表给出。该方法在计算径流 NRCS（SCS）数值曲线方法的基础上演化而来。方法假定土壤的总下渗能力可以从土壤（含水量）数值曲线获取，在一次降水事件中，下渗能力随着降水和持水的增加而减少。输入参数包括：构成曲线的数据序列以及土壤从饱和湿润到完全干燥所需要的时间（用来模拟晴天下渗能力的恢复情况）。

该方法具有广泛的资料基础且在应用中考虑了物理特性。SCS 模型的降雨-径流基本关系为

$$\frac{F}{S} = \frac{R}{P - I_a} \tag{4.7}$$

式中：P 为降雨量，mm；R 为径流量，mm；F 为后损，mm；S 为流域当时最大可能滞留量，mm，它是后损的上限；I_a 为初损，mm。

按水量平衡原理有

$$P = I_a + F + R \tag{4.8}$$

将以上两式相结合，消去 F，考虑到初损未满足时不产流，得

$$\begin{cases} R = \dfrac{P - I_a}{P + S - I_a}, P \geqslant I_a \\ R = 0, P < I_a \end{cases} \tag{4.9}$$

因为 I_a 不易求得，为了使计算简化，消去一个变量，引进一个经验关系：

$$I_a = 0.2S \tag{4.10}$$

代入得

$$\begin{cases} R = \dfrac{(P - 0.2S)^2}{P + S - I_a}, P \geqslant 0.2S \\ R = 0, P < 0.2S \end{cases} \tag{4.11}$$

S 值的变化幅度很大，从实用出发引入一个无因次参数 CN 称为曲线数与 S 建立经验关系，即

$$S = \frac{25400}{CN} - 254 \tag{4.12}$$

确定 CN 的主要因素有水文土壤分组，覆盖类型，处理方式，水文条件

以及前期径流条件等，该模型在喀斯特区的应用已表现出一定的局限性。这种最初的曲线方法在计算降雨径流时并不直接考虑流域前期土湿条件的影响，但径流与前期土壤状态有很高的非线性依存关系。

在一次降水事件中，土壤下渗能力随土壤含水量的增加而减小。根据美国水土保持部门的研究结果，根据土壤孔隙特性将土壤分成了 A、B、C、D 四组：A 为厚层沙、厚黄土、团粒化粉砂土组，最小下渗率大于 7.26mm/h；B 为薄层黄土、沙壤土组，最小下渗率在 3.81～7.26mm/h 之间；C 为沙黏壤土组，最小下渗率在 1.27～3.81mm/h 之间；D 为黏壤土、粉砂黏壤土、沙黏土、粉砂黏土、黏土组，最小下渗率在 0.00～1.27mm/h 之间。每类土壤的 CN 可以在表中查到，具体见表 4.4。

表 4.4   SCS 径流系数值曲线法中 CN 取值

土地利用描述		土 壤 类 型 分 组			
		A	B	C	D
耕作土地	缺少保护措施	72	81	88	91
	实施保护措施	62	71	78	81
牧场或山地	条件恶劣	68	79	86	89
	条件较好	39	61	74	80
草地	条件较好	30	58	71	78
林地	薄地面，无杂草叶	45	66	77	83
	覆盖良好	25	55	70	77
草坪、公园	覆盖较好	39	61	74	80
	覆盖条件一般	49	69	79	84
商业地区（85%不透水率）		89	92	94	95
工业区（75%不透水率）		81	88	91	93
居民区（60%～65%不透水率）		77	85	90	92
街道	使用石头衬砌	98	98	98	98
	砂砾石	76	85	89	91
	泥土	72	82	87	89

（4）地面产流量 R。每个子汇水区的地表产流量 R 为三种下垫面产水量相加，即

$$R = R_1 + R_2 + R_3 \tag{4.13}$$

4.5.2 地表汇流模块

地表汇流用非线性水库模型来描述，即把各个子汇水区的净雨过程转化为

子汇水区出流过程，通过概化子汇水区的三个部分近似作为线性水库。非线性水库模型是由曼宁公式和连续性方程联立求解，涉及的水文参数主要有子汇水区面积、子汇水区特征宽度、坡度、地表的曼宁系数以及地表的滞蓄量等。

图 4.2 为非线性水库模型原理图，即指把每一个子汇水区概化为一个水深较浅的非线性水库。模型中的降雨过程为输入，出流为土壤下渗和地表径流（短历时模拟不考虑蒸发）。模型假设子汇水区出口处的地表径流为水深的均匀流，且水库的出流量是水库水深的非线性函数。

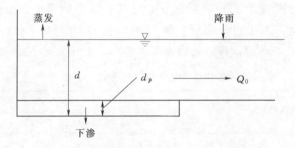

图 4.2　非线性水库模型原理图

非线性水库模型中的连续性方程为

$$\frac{\mathrm{d}V}{\mathrm{d}t}=A\ \frac{\mathrm{d}R}{\mathrm{d}t}=Ai-Q \tag{4.14}$$

式中：V 为子汇水区的总水量，m^3；R 为子汇水区地表水深，m；A 为子汇水区面积，m^2；t 为降雨时间，s；i 为净降雨强度，即降雨量扣除降雨损失，m/s；Q 为径流流量，m^3/s。

洪水流量通过曼宁公式计算，即

$$Q=W\ \frac{1.49}{n}(R-d_p)^{5/3}S^{1/2} \tag{4.15}$$

式中：W 为子汇水区特征宽度，m；n 为曼宁系数；d_p 为滞蓄水深，m；S 为子汇水区坡度。

将式（4.14）和式（4.15）联立合并为非线性微分方程，从而求解 Q 和 R：

$$\frac{\mathrm{d}R}{\mathrm{d}t}=i-\frac{1.49W}{An}(R-d_p)^{5/3}S^{1/2}=\mathrm{WCON}(R-d_p) \tag{4.16}$$

$$\mathrm{WCON}=-\frac{1.49W}{An}S^{1/2} \tag{4.17}$$

式（4.17）可以用有限差分法进行求解，净雨强度 i 在时间步长内取均值，以下标 1 和 2 分别表示时间的起始时刻和时间的结束时刻，则上式可写成

$$\frac{R_1-R_2}{\Delta t}=i+\mathrm{WCON}\left[R_1+\frac{1}{2}(R_1-R_2)-d_p\right]^{5/3} \tag{4.18}$$

式中：Δt 为时间步长，s。

利用牛顿-拉夫逊（Newton-Raphon）迭代法可求解式（4.18）中的 R_2，根据计算的 R_2，时间步长末的洪水流量 Q 即可由曼宁公式计算求得。

4.5.3　地下水模型

对于典型的喀斯特流域来说，该流域是一个由地表形态结构和地下形态结构所组成的二元流场系统，二者相互联系，且同时又表现出相互映射的特征，在典型的地表形态结构下，必然有相应的地下形态结构相映衬，一定的结构所产生的功能自然要反映流域的水文特征。

典型喀斯特地区入渗损失的地下水储存在含水层中，并通过节点排向管道系统。当流域地表径流占主导时，地下水的输入很少，且一般作为变化很小的基流考虑。而对于喀斯特含水层来说，由于入渗强烈，特别是通过落水洞和竖井的直接入渗补给，造成地下水的补给量及变化都较均匀介质大。SWMM 模型中通过含水层和地下水两个模块从节点向排水系统输入地下水。其概念模型如图 4.3 所示。

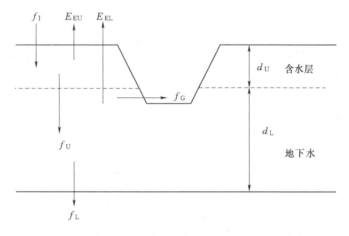

图 4.3　含水层-地下水概念模型（图中字母采用斜体）

f_I—地表入渗；E_{EU}—包气带蒸发蒸腾；f_U—包气带向饱水带的渗透率（上部包气带水分含量和深度 d_U 呈一定的函数关系）；E_{EL}—饱水带蒸发蒸腾（为上部包气带深度 d_U 的函数关系）；f_L—饱水带向深层地下水的渗透（与饱水带深度 d_L 呈函数关系）；f_G—地下水向排水系统的侧向补给（与饱水带深度 d_L 及排水节点深度呈一定函数关系）

地下水流量的计算公式如下：

$$Q_{gw} = A_1(H_{gw} - H_{gE})^{B_1} - A_2(H_{sw} - H_{gE})^{B_2} + A_3 H_{gw} H_{sw} \quad (4.19)$$

式中：Q_{gw} 为地下水流量，m^3/s；H_{gw} 为地下水水位，m；H_{sw} 为地表表层流在排水节点的水位高程，m；H_{gE} 为地下水出流的阈值水位或排水节点的高程，m。

贵安新区示范区属于残丘谷地，洼地、落水洞少见，未有较突出的暗河管道出现，地下水埋深为 20～30m，因而不考虑含水层与地下水的相互转化。

4.5.4 管网汇流模块

雨水管网的水流运动是非常复杂的三维运动过程，采用三维计算来模拟雨水在管道中的运动不现实也不必要。考虑到管道内的径流传输遵守质量守恒和动量守恒的，故排水管网汇流计算过程实际上是圣维南方程的推求过程，径流传输子系统中的水流模拟采用连续方程和动量方程模拟渐变非恒定流。

SWMM 模型中雨水管网汇流计算方法有运动波法、恒定流法和动力波法。在有环状管网和压力流回水等情况出现时，前两种演算方法已经不能满足汇流计算要求，此时通常把圣维南方程组简化成动力波方程求解。动力波模拟方法的控制方程包括管道中水流的连续方程、动量方程和节点处的水量连续方程，通过求解完整的一维圣维南方程，得到理论上的精确解。

动力波模拟可以描述管渠的调蓄、汇水、入流和出流损失、逆流和有压流。因为它耦合求解节点处水位和任何常规断面的管道流量，甚至包括多支下游出水管和环状管网。该法适用于描述管道下游的出水堰或出水孔调控而导致水流受限的回水情况。该方法对时间步长较敏感，模拟时必须采用较小的时间步长（如 10 分钟或者更小）。

（1）管道控制方程。

连续方程：

$$\frac{\partial Q}{\partial x}+\frac{\partial A}{\partial t}=0 \tag{4.20}$$

动量方程：

$$gA\frac{\partial H}{\partial x}+\frac{\partial (Q^2/A)}{\partial x}+\frac{\partial Q}{\partial t}+gAS_f=0 \tag{4.21}$$

式中：Q 为流量，m^3/s；A 为过水断面面积，m^2；t 为时间，s；x 为距离，m；H 为水深，m；g 为重力加速度，$9.8m/s^2$；S_f 为摩阻比降，由曼宁公式求得。

摩阻比降 S_f 由曼宁公式求得

$$S_f=\frac{K}{gAR^{3/4}}Q|V| \tag{4.22}$$

其中
$$K=gn^2$$

式中：V 为水流速度；R 为水力半径；n 为糙度；加速度以绝对值表示摩擦阻力的方向与水流方向相反的情况。

假设 $\dfrac{Q^2}{A}=V^2A$，将 $\dfrac{Q^2}{A}=V^2A$ 代入式（4.21）中的对流加速度项 $\dfrac{\partial(Q^2/A)}{\partial x}$，可得

$$gA\frac{\partial H}{\partial x}+2AV\frac{\partial V}{\partial x}+V^2\frac{\partial A}{\partial x}+\frac{\partial Q}{\partial t}+gAS_f=0 \tag{4.23}$$

把 $Q=AV$ 代入连续方程，方程两边再同时乘以 V，移项得到

$$AV\frac{\partial V}{\partial x}=-V\frac{\partial A}{\partial t}-V^2\frac{\partial A}{\partial x} \tag{4.24}$$

将式（4.24）代入动量方程式（4.21）中，得到基本的流量方程式（4.25）：

$$gA\frac{\partial H}{\partial x}-2V\frac{\partial A}{\partial t}+V^2\frac{\partial A}{\partial x}+\frac{\partial Q}{\partial t}+gAS_f=0 \tag{4.25}$$

忽略 S_0 项，再将式（4.24）和式（4.25）联立依次求解各时段内每个管道的流量和每个节点的水头。有限差分格式如下：

$$Q_{t+\Delta t}=Q_t-\frac{K}{R^{4/3}}|V|Q_{t+\Delta t}+2V\frac{\Delta A}{\Delta t}+V^2\frac{A_2-A_1}{L}-gA\frac{H_2-H_1}{L}\Delta t \tag{4.26}$$

式中：下标 1 和 2 分别表示管道或渠道的上下节点；L 为管道长度，m。

由式（4.26）可求得 $Q_{t+\Delta t}$ 为

$$Q_{t+\Delta t}=\left[\frac{1}{1+(K\Delta t/\overline{R}^{4/3})|\overline{V}|}\right]\left(Q_t+2V\Delta A+V^2\frac{A_2-A_1}{L}\Delta\bar{t}-g\overline{A}\frac{H_2-H_1}{L}\Delta t\right) \tag{4.27}$$

式中：$\overline{V}$、$\overline{A}$、$\overline{R}$ 分别为 t 时刻的管道末端的加权平均值，此外，为考虑管道的出口、进口损失，可以从 H_2 和 H_1 中减去水头损失。

式（4.27）的主要未知量为 $Q_{t+\Delta t}$、H_1、H_2，变量 $\overline{V}$、$\overline{A}$、$\overline{R}$ 都与 Q、H 有关系。因此，还需要有与 Q 和 H 有关的方程，可以从节点方程得到。

（2）节点控制方程。管网和渠道的节点控制方程为

$$\frac{\partial H}{\partial t}=\sum\frac{Q_t}{A_{sk}} \tag{4.28}$$

式中：H 为节点水头，m；Q_t 为进出节点的流量，m³/s；A_{sk} 为节点的自由表面积，m²。

化成有限差分形式为

$$H_{t+\Delta t}=H_t+\sum\frac{Q_t\Delta t}{A_{sk}} \tag{4.29}$$

联立式（4.28）和式（4.29）可依次求得 Δt 时段内每个连接段的流量和

每个节点的水头。

4.6 下垫面数据处理

下垫面数据是 SWMM 模型构建的重要组成部分，包括子汇水区划分和相关参数确定，需要通过 ArcGIS、ENVI 等软件进行计算和提取。

（1）DEM 构建。DEM 是用一组有序数值阵列形式表示地面高程的一种实体地面模型，可以派生出地表的坡度、坡向、坡度变化等信息，是构建 SWMM 模型过程中必不可少的基础数据。

建立 DEM 的方法有多种。根据数据源及采集方式的不同可以分为以下几种：①直接从地面测量，如用 GPS、全站仪等；②根据航空或航天影像，通过摄影测量途径获取，如数字摄影测量等；③从现有地形图上采集，如数字化仪手扶跟踪及扫描仪半自动采集，然后通过内插生成 DEM。本模型采用的 DEM 数据源来自地面测量所得的离散高程点，但其中存在一定错误，如某些地面高程值 $z=0$，需要进行纠错，再由纠正后的高点进行 GIS 空间插值，并在环境设置中设定像元大小，导出 DEM 栅格数据。DEM 精度非常重要，所以适当地选择插值方法可以提高模型模拟结果的精度，在 ArcGIS10.3 工具箱中，通常使用的插值方法主要有克里金法、反距离权重法、样条函数法、趋势面法和自然领域法等，利用这 5 种方法生成 5 个 DEM 文件，对比发现可知，反距离权重法插值得到的结果比较贴近研究区域的地形。

（2）子汇水区划分。子汇水区划分一般以遥感影像图为背景，通过人工勾绘得到，但是对于大面积、多管线点的区域，这将是一项非常耗时且烦琐的工作，而且人工勾绘的随机性较大，地形因素考虑不周到，会对模型结果造成较大影响。为此，结合 DEM 数据和研究区域的遥感影像图进行划分，其划分步骤如下：

1）将研究区域 DEM 数据导入 ArcMap 进行水文分析，得到一个初步的分水岭。

2）在分水岭的基础上，导入节点图层并利用泰森多边形工具进行子汇水区的初步划分。

3）考虑建筑物和街道位置，对子汇水区进行边界调整。

4）把面积很小的子汇水区与相邻汇水区合并，从而得到最终的子汇水区图层。子汇水区划分流程如图 4.4 所示。

（3）子汇水区主要参数计算。在 SWMM 模型中，子汇水区参数众多，包括不透水率、坡度、面积、特征宽度等确定性参数，可以通过 GIS 等技术计算得到，还包括透水和不透水区曼宁系数、洼蓄深度以及 Horton 模型等不

图 4.4　子汇水区划分流程

确定性参数，可以通过经验、模型手册或试验取值。

1）不透水率计算。不透水率是影响模型计算结果最敏感的参数之一，直接影响到子汇水区的产流量，进而影响到模拟结果。

ENVI 是一个完整的遥感图像处理平台，目前拥有最先进的、易于使用的光谱分析工具，能够很容易地进行科学影像分析，其中包括监督和非监督的影像分类方法。通过下载研究范围遥感影像图，将其导入 ENVI 软件中，并在软件中建立训练样本，利用图像监督分类功能识别出各种土地类型，导出 TIFF 格式栅格图，再结合子汇水区图层，通过 ArcGIS10.3 统计各子汇水区的不透水面积，进一步可计算出各子汇水区的不透水率。不透水率提取过程如图 4.5 所示。

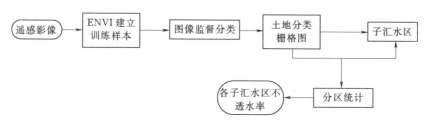

图 4.5　不透水率提取过程

其中，建立训练样本这一步尤为关键，样本一般根据研究区域的土地用地类型进行分类，大致可分为不透水区（如道路、建筑物）、透水区（如绿地、水体）和半透水区（如裸地）。ENVI 可以根据样本对图像的各个像元进行判别处理，判别过程中，将符合某判别准则的像元归为某一类型，如此完成整幅图像的分类处理。

2）坡度计算。现实生活中，每个子汇水区的平均坡度计算方法比较简单，即测出子汇水区中流域出口与其最远距离的高差和其距离的比值，但是这种方法工作量大、效率低。利用构建好的 DEM 数据，通过 ArcGIS10.3 栅格表面的坡度计算工具，对研究区域进行坡度计算，并通过分区统计工具统计每个子汇水区的平均坡度，坡度值采用百分比表示，以满足 SWMM 模型输入格式。

3）面积计算。在 ArcGIS10.3 图层属性表中有"计算几何"工具，可以通过此工具快速计算出每个子汇水区的面积，并将其转化成以公顷为单位的数值。

4）表漫流宽度计算。地表漫流宽度描述子汇水区汇流路径的长度，其在 SWMM 模型中是一个比较敏感的参数，对模型结果有着较大影响。然而，实际的地表漫流路径宽度比较复杂，无法通过实测得到，一般根据经验估算，所以需要对其进行概化。在 SWMM 模型手册中，地表漫流宽度定义为子汇水区面积与地表漫流最长路径长度的比值，即

$$WD = \frac{SA}{SL} \tag{4.30}$$

式中：WD 为地表漫流宽度，m；SA 为子汇水区面积，m^2；SL 为子汇水区长度，m，即子汇水区到其对应出口的最长距离，可以通过计算求得。

4.7 模型界面与操作步骤

4.7.1 模型界面

SWMM 模型主界面由标题栏、主菜单栏、工具栏、状态栏、工作区、工程浏览、地图浏览、属性编辑和参数设置板块组成。

（1）标题栏。标题栏位于主界面的左上方，其主要功能是显示软件版本和正在进行的工程名称。

（2）主菜单栏。主菜单栏位于标题栏下方。主菜单由文件菜单、编辑菜单、视图菜单、工程菜单、报告菜单、工具菜单、窗口菜单和帮助菜单等不同功能的子菜单组成。各菜单功能如下：

1）文件菜单。文件菜单包含工程的新建工程、打开已有工程、打开最近用过的工程、保存当前工程、另存为其他名称工程、发送为热启动文件、链接两个界面文件、页面设置、当前文件打印预览、打印视图和退出模型等功能命令。

2）编辑菜单。编辑菜单包含将当前对象复制到剪贴板或文件里，选择研究区对象，选择编辑顶点，选择区域，选择所有对象，查找指定对象，编辑当前对象，删除当前对象，组编辑和删除组等功能命令。

3）视图菜单。视图菜单包含设置工作区参考坐标和长度、加载背景图片、移动当前对象、放大地图、缩小地图、全屏工作区、查询指定对象、全景查看、对象显示设置、图例控制、工具栏设置等功能命令。

4）工程菜单。工程菜单包含工程摘要、工程详细说明、缺省值设置、标准数据注册、增加一个新的对象和运行模型等功能命令。

5）报告菜单。报告菜单包含模型运行结果状态、模拟结果摘要、模拟结果绘图、模拟结果制表、模拟结果统计以及用户自定义当前图像显示状态等功能命令。

6）工具菜单。工具菜单包括工程对象参数设置、地图显示参数设置、加载外部工具配置等功能命令。

7）窗口菜单。窗口菜单包括地图当前窗口合理显示、地图最小化显示以及关闭所有窗口等功能命令。

8）帮助菜单。帮助菜单包含调出帮助文件、对操作命令主题列表进行显示、模型使用单位、提示错误信息、用户指南以及显示当前模型使用的版本等功能命令。

（3）工具栏。工具栏位于主菜单栏下方。菜单栏包含标准工具栏、图像工具栏和对象工具栏三部分。标准工具栏可以对工作区对象进行快速编辑等操作，图像工具栏可以对图像进行快速操作，对象工具栏用于快速向研究区添加工作对象。各工具栏功能如下。

1）标准工具栏。包含新建工程、打开已有工程、保存当前工程、打印当前页面、复制当前选择到剪切板或文件、查找研究区地图指定的对象或报告单中指定的文本、运行模型、可视化条件查询、将模拟结果用一个新的剖面图显示、将模拟结果用一个新的时间曲线显示、将模拟结果用一个新的散点图显示、将模拟结果用一个新的表格显示、将模拟结果用统计分析结果显示、更改当前可视区域的属性和重新布置窗口的叠放方式，同时将研究区最大化等快捷按钮。

2）图像工具栏。包括选择工具、顶点选择工具、区域选择工具、图像移动工具、放大工具、缩小工具、全屏幕显示工具和测量工具等快捷操作按钮。

3）对象工具栏。增加雨量计、增加子汇水区、增加交叉节点、增加排水口节点、增加分流设施节点、增加存储单元节点、增加连接导管、增加连接水泵、增加连接孔口、增加连接、增加排水口连接和添加文本。

（4）状态栏。状态栏位于 SWMM 主界面的底部，由自动调整长度、偏移状态、工程单位、运行状态、缩放以及光标位置坐标组成。模拟者可通过状态栏查看工程运行情况。

（5）工作区。工作区位于软件可视区中部，用于设计排水系统平面图。模型中对对象的操作均在工作区进行，包括显示排水系示意图、显示对象的属性、添加或删除对象、设置工作底图、显示对象之间的位置以及图像打印预览等操作。

（6）工程浏览和地图浏览。工程浏览和地图浏览在主界面中的位置，选择工程浏览可以选择工程中可见对象。用户选择工程浏览时，列表框将显示工作区模拟对象的分类情况。地图面板由三个嵌入模块组成，三个嵌入模块分别是主体嵌入模块、时间嵌入模块和动画嵌入模块。主体嵌入模块可以对研究区地图中对象的显示颜色进行控制，包括对子汇水区、节点和连接的显示方式进行设置。时间面板可以设置模型开始模拟的日期，并将模拟结果显示，设置的时间类型有选择查看模拟结果的日期、选择要查看模拟结果的时间以及选择模型运行的总时间。动画嵌入面板可以设置模拟过程的运动轨迹，可以对模拟过程中水力深度的变化过程进行持续显示；动画面板包括回到原点、倒退、暂停和向前播放动画等命令按钮。

（7）属性编辑和参数设置板块。属性编辑板块可以对工作区中对象的属性进行编辑，参数设置板块可以对工程的显示特征进行设置。属性设置面板可以对当前选中对象的属性进行编辑，包括编辑对象名称和赋值、对表格大小进行编辑、对注释区域进行编辑、对当前编辑字体进行设置等功能。参数设置面板包含两个子页面：一个是常规设置子页面，另一个是模拟数据精度设置子页面。其中常规设置子页面中可以对工程中字体大小、粗细、对象显示方式、标签注释显示名称、删除提示框、自动保存提示、清除最近列表以及临时文件路径等进行设置；数据精度设置可以对模拟结果的小数点显示位数进行设置，设置后模拟结果将以该格式进行显示。

4.7.2　模型的操作步骤

SWMM 模型运行前，首先要新建或打开一个工程，设定工程参数和工程主体，例如，设定工程名称、备注、模型运行方式、模拟下渗所采取的方程、模拟日期、模拟时间步长、动力波和运动波方式参数等；之后再编制研究区示意图，如添加导管、子汇水区、出水口、储水设施等项目；对加载对象进行编辑，将对象进行参数化，确定各参数取值，即可运行。

4.7.2.1　添加对象

添加研究区对象包括添加研究区组成水系统的各种单元，主要包括可见对象和不可见对象。

（1）可见对象添加方法。在模型中，物理对象是可见的，包括雨量计、子汇水区、节点、连接和地图标签。这些可见对象模型均提供了两种加入方法：①在对象工具选择中添加对象的图标；②在数据栏中选中要添加的对象，点击按钮添加到工作区。第一种方法让对象直接显示在工作区；第二种方法需输入对象放置的坐标。和第二种方法相比，第一种方法较为直观，操作也较为简便，故推荐使用第一种方法。

（2）不可见对象添加方法。不可见对象包括气象数据、含水层、融雪、单位流量过程线、雨洪管理控制器、横断面、调控规则、污染物、土地利用类型、曲线、时间序列以及时间类型等。添加方法为在数据浏览栏下选择需要添加的对象，单击按钮完成添加，进而编辑添加对象的属性。

添加对象完毕，需要移动对象时，可以通过在对象上点击鼠标不放，任意拖对象到需要放置的位置。对象放置完毕，即可进行属性编辑。

4.7.2.2　编辑对象

编辑对象主要是对置入工作面板的可见对象进行编辑，使可见对象外观符合排水系统要求。在模型中，提供了两种编辑对象的方法：一种是选择需要编辑的对象，在对象上右键单击，在弹出的下拉列表中选择需要的操作；另一种是在地图中双击或在属性中双击需要编辑的对象，在弹出的属性编辑框中对对象属性进行编辑，如输入管线长度对管线进行编辑等。

（1）子汇水区。对子汇水区进行编辑只需选择需要编辑的对象，在工具栏选择对象编辑工具，在需要编辑的对象上右键单击，在弹出增加顶点、删除顶点和退出编辑的下拉菜单中，选择增加或删除顶点，可以对子汇水区顶点进行编辑。

（2）导管。对子导管进行编辑只在需要编辑的导管上双击，在弹出的导管编辑对话面板中对控制导管形状的参数进行设置，其中点击形状缺省按钮，调出导管横截面编辑面板进行编辑即可。

4.7.2.3　模型参数设置

模型运行前，必须对模型的系统参数、大气模块、地表模块和运移模块的参数进行设置，设置完毕即可对产流、汇流和水质进行模拟。模型参数设置包括系统参数、工程参数和对象参数的设置。打开或新建一个工程，都需要对参数进行重新设置或确认。设置参数前，每个工程的原始参数都采用系统默认的缺省值。

系统参数包括通用选项、日期选项、时间步长选项、动力波方程参数、界面文件选项和报告选项6项，可在主界面工程浏览框中选择 Options 选项，在属性参数栏将出现该6个子选项，用户可点击对应选项对参数进行设置。

（1）通用选项设置。用户可以在通用选项面板对模拟项目、积水容量、结果报告项目、报告输入摘要、管道最小坡度、下渗方程和汇流方程进行设置。

1）模拟项目包括降雨、径流、融雪、汇流、水量和水质。用户可以根据模拟需要设置模拟项目，减少模拟项目可以缩短模型运行时间，以加快模型运行速度。

2）积水容量是水分发生滞留时，节点上可容纳的水量。如果勾选该参数，则需要在节点处指定节水区域。

3）结果报告项目可以帮助用户了解模型在运行过程中出现的离散调控过程，这些行为全部由调控规则控制。

4）报告输入摘要可以设置模拟状态，报告显现所有工程的输入数据项目。

5）设置管道最小坡度是让模拟继续运行的充分条件。如果其值设置为零，系统将采用默认值对径流进行演算，该默认值往往很小，如 0.0001m。

6）下渗方程选项可以设置模型运行计算所采用的方法，该选项包括霍顿下渗方程、修正霍顿下渗方程、格林-安普特下渗方程和数值曲线法。

7）汇流方程可以设置模型运行中计算汇流所采用的方法，该选项包括稳定流、运动波方程和动力波方程。

（2）日期选项设置。日期选项对话框可以对模拟开始分析日期和时间、模拟结果开始报告日期和时间、模拟结束分析日期和时间、模拟过程中清扫街道开始时间和结束清扫街道时间以及模拟开始前距离上次下雨的时间天数等参数进行设置。需注意的是，如果模型直接从外部文件读取数据，其数据设置日期格式必须和文件中的日期格式一致。

（3）时间步长选项。时间步长面板用于设定模型模拟径流、汇流以及结果报告的时间步长。具体包括设置报告时间步长、晴天径流演算时间步长、雨天径流演算时间步长、汇流时间步长以及稳定流时间步长及容差。时间步长可以是天，也可以是小时、分钟、秒。

（4）动力波方程参数设置。用户可以在动力波方程参数设置面板对初始项目、超临界参数、主动力方程、变时间步长、管线延长时间步长、最小流域面积、计算最大迭代次数、水头收敛容差等项目进行设置。

4.7.2.4 模型运行

参数设置完毕，即可运行模型。点击标准工具栏的运行按钮，模型自动运行，在运行过程中，将弹出运行状态提示框，显示模型完成百分数和模拟运行时间。

导致模拟结束有以下两种情形：①模型模拟完毕，模型停止运行，这时模型主窗口下边状态栏将出现一个正常运行的绿色旗子图标；②运行出错，模型停止运行。由于模型参数设置错误，在运行过程中，导致计算出错而使模型停止运行，这时主窗口状态栏将显示红色小旗子。同时，模拟误差或警告信息将被列在状态报告窗口中。当一次模拟成功后再修改相关参数，旗子将变成黄色，表明当前模拟结果与修改参数后的模拟工程不匹配。

4.7.2.5 模型结果校正

模型在运行过程中，可能由于某种原因导致模拟提前终止运行或模拟结果发生较大偏差。如果发生这种情况，将弹出提示运行错误和警告的对话框。常见的提示包括运行错误、属性设置错误、格式设置错误、文件格式错误和警告信息。

4.7.2.6 模型结果显示

模型运行结束后，可以查看模拟结果报告，其结果可以以图形、表格及统计分析方式进行显示。

4.8 本章小结

本章详细地介绍了 SWMM 模型的原理、模型的界面、模型的操作步骤，SWMM 模型包括水文模型、水力模型、水质模型。能够对连续事件和单一事件进行模拟，具有较好的灵活性，可以跟踪模拟不同时间步长任意时刻内子汇水区所产生径流的水质水量，对城市化地区和非城市化地区均能进行准确的模拟。SWMM 模型具有简单、实用和容易上手的特点。

贵安新区 SWMM 模型构建

5.1 研究区概况

5.1.1 地理位置

贵安新区地处贵州省域地理中心地带，位于贵阳市环城高速和安顺市环城高速之间，区域范围涉及贵阳、安顺两市所辖 4 县（市、区）20 个乡镇，坐标为东经 $106°00′\sim106°45′$，北纬 $26°20′\sim26°40′$，规划控制面积 1795km²。贵安新区是黔中经济区核心地带，区域优势明显，地势相对平坦，人文生态环境良好，发展潜力巨大，具备加快发展的条件和实力，将建设成为经济繁荣、社会文明、环境优美的西部地区重要的经济增长极、内陆开放型经济新高地和生态文明示范区，是典型的国家级新区。

本研究区域为贵安新区海绵城市建设示范区（简称"贵安新区示范区"），该区域位于贵州省中心区范围内，北至天河潭大道，西南至贵安大道，东南至京安大道，西起沪昆高铁，东至东纵线，面积为 19.10km²。

5.1.2 地形地貌

贵安新区示范区地处贵州高原中部南段，地势整体上西北高、东南低，整体较宽坦。最高点位于湖潮乡汤庄村尖坡寨大尖坡，高程 1332.80m，最低点位于湖潮乡湖潮村车田河，高程 1194.60m，大部分地区高程为 $1200.00\sim1260.00$m。境内地貌状态主要由溶蚀作用形成，并且多是向斜倒置地形的延续，大部分地区位于河流上游及河间地带，受后期河流溯源侵蚀影响小，一般地形起伏小，有较大规模的谷地。该示范区残丘谷地是区内主要的地貌类型，有少部分的缓丘谷地和浅切河谷。

5.1.3 水文气象

贵安新区属于亚热带湿润温和型气候，具有高原性和季风性气候特点，四季分明，冬无严寒，夏无酷暑，年无霜期282天。综合区内气象资料统计，年平均气温为14.8℃，年极端最高温度为37.0℃，年极端最低温度为−8.7℃，其中，最热的7月下旬平均气温为21.6℃，最冷的1月上旬平均气温5.0℃。年平均总降雨量为1225.6mm，最大降雨量为1673.6mm，最小降雨量为725.3mm，最大日降雨量为273.2mm（1991年7月9日），丰水期为4—10月，降雨量为1066.6mm，占全年总降雨量的87%，枯水期（11月至次年3月）降雨量为168.0mm，占全年总降雨量的13%。降雨量在地域分布上也不均衡，表现为自西向东逐渐减少。此外，常年主导风向为偏南风，多年平均风速为2.2m/s，多年平均相对湿度81%，年平均日照时数为1237.5小时。年降雪日数少，平均仅为12.2天。

5.1.4 土壤植被

贵安新区土壤类型主要为残坡积红黏土，其次是冲洪积卵砾石及砂土，另外有部分人工填土。其中，黏土的渗透系数约为 10^{-7} cm/s，砂土的渗透系数约为 10^{-4} cm/s，砾石的渗透系数约为 10^{-1} cm/s。植被属黔中山原湿润性灰岩常绿栎林、常绿落叶混交林及马尾松林区。主要树种有青栲、红栲、大叶栲、小叶青冈栎、柞木等，落叶树种有鹅耳枥、枫香、光皮桦等，次生植被以灌丛草坡为主。截至2019年，森林面积161.33km²，森林覆盖率高达33.09%。

5.1.5 河流水系

贵安新区地处南明河花溪水库和阿哈水库的上游，属长江流域乌江水系。示范区境内发育的主干河流为车田河，又名元方河，为花溪水库上游干流，其重要支流有兰花河、冷水沟河和滴水河。此外，区内还分布小（1）型和小（2）型2座水库，分别是月亮湖（原汪官水库）和寅贡水库。

月亮湖由原汪官水库扩建，汪官水库位于湖潮乡汪官村，建于1958年，为小（1）型灌溉水库，现状水域面积约0.68km²，扩建为月亮湖后整体水域面积为1.42km²。现状区内建设有汪官村、新村（团寨和屯脚）、尖坡寨、白家庄、上寨，以现代村民住宅为主，并有少量的具有地域特色的历史遗存建筑。

寅贡水库位于湖潮乡新民村，建于1910年，设计洪水位为130.30m，主要用于灌溉，现状水域面积0.053km²，计划扩容138万 m³。

车田河为区内主干河流，呈东西走向，河道长 14.3km，宽 6～30m，水深 1～4m，大部分渠道为梯形断面土渠，表现为冬季干枯、汛期积水、源短流细、流量不大的特点。目前河道不满足未来城市调蓄雨水和生态用水的需求。

冷水沟河位于中心区南部区域，河道长 4.2km，宽 5～12m，无明显的支流小溪，表现为季节性溪流，溪流浅切狭长，弯曲程度较大，侧蚀、侵蚀能力较弱。汛期局部低洼地带会被淹没，生态和景观功能没有得到充分发挥。

兰花河位于中心区北部区域，河道长 3.5km，宽 4～10m，水深 1～2m，为雨源型溪流，位于河流上游和山谷一带，流速、流量都不大，其侧蚀、侵蚀能力较弱。汛期局部低洼地带会被淹没，生态和景观功能没有得到充分发挥。

滴水河主要位于贵阳市花溪区湖潮乡，现纳入贵安新区管辖范围。滴水河为车田河中游左岸支流，发源于清镇市红枫湖镇四方井一带，先后流经八鱼塘、安妹井、平寨，最后经水碾头汇入车田河。流域面积 12.7km²，主河道长 5.7km，河道比降约为 8‰。

5.1.6 地下水

区域内地下水位分布不均（见图 5.1）。地下水主要埋藏区分布较广，主要为残丘、垄岗谷地和河流上游段；地下水位埋深为 10～50m。据兰安村高普和汪官村大寨两个机井观测，其特点是年平均水位埋深 20～30m，年变幅为 2.1～4.0m，高水位出现在 8—9 月，低水位出现在 2—3 月，枯季局部产生降落漏斗，但在雨季均很快得到补偿。

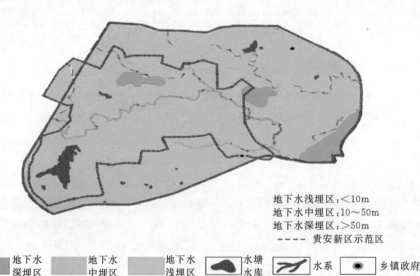

地下水浅埋区：<10m
地下水中埋区：10～50m
地下水深埋区：>50m
- - - - 贵安新区示范区

| 地下水深埋区 | 地下水中埋区 | 地下水浅埋区 | 水塘水库 | 水系 | 乡镇政府 |

图 5.1 示范区地下水埋藏深度分布图

5.2 城市防洪排水现状

5.2.1 历史洪涝

研究区冷暖气流频繁交替，降雨量较大，区域内河流为山区雨源型河流，洪水由暴雨产生，洪水特性与暴雨特性基本一致。洪水的主要特点表现为：陡涨缓落、峰量集中、涨峰历时短等，同时还受到暴雨分布、暴雨强度、暴雨历时和喀斯特特征的共同影响，洪水过程一般为单峰型。目前，由于河道两岸农耕发达，大多修建了河坝、河堤，对洪水有阻挡作用，现状过洪能力为 5 年一遇，局部地区仅为 1～2 年一遇。

历史上贵安新区曾在 1985 年、1996 年、2003 年、2007 年和 2011 年发生过洪水。最近一次发生的洪水是在 2014 年 7 月 17 日，降雨量达 170mm。

贵安新区处于开发建设初期，骨干路网基本建设完成，形成了有组织的雨水排放系统，但因整体开发建设量不大，排水支管正在建设，暂不具备完善的雨水排放系统，雨季时易形成漫流，引起内涝。

5.2.2 防洪系统现状

贵安新区整体处于开发建设中，现状河道两岸地形开阔平坦，一旦发生洪水将会造成大面积淹没，部分地区防洪堤达不到规划防洪标准要求。局部地区河道两岸农田、村庄高程较低，一旦发生洪水将会被淹没，需要开展防洪治理。

区域内现状渠道淤积严重，部分渠道由于资金、人力等原因，长时间未进行治理，目前淤积现象严重，杂草丛生，降低了过流能力。

依据《贵安新区总体规划（2013—2030)》(2017)，中心区整体防洪标准按 100 年一遇考虑，规划区内的防洪重点是月亮湖、桃花湖水库和车田河及其支流。

5.2.3 排水系统现状

贵安新区示范区尚未具备完善的雨水系统，部分雨水或经管道收集排放，或蒸发入渗，或形成地表径流依地形自然汇集，最终汇入车田河及其支流，部分在低洼处形成季节性坑塘。核心区内骨干道路百马路、贵安路、金马路等主干道已铺设雨水管道，管径为 D400～D2000，雨水经管道分段、就近收集排放至附近水体或低洼地，排放口规划设计了雨水调蓄、处理设施，但尚未建设完成。

5.3   贵安新区规划前后下垫面条件

随着城市化的发展，农田、林地等变成了柏油马路、城市广场和建筑物，城市不同下垫面中，透水性弱的下垫面径流系数容易达到较高稳定值。地表硬化后，大量天然透水性较强的自然地面变为不透水或透水性较差的人工地面，丧失了天然的雨水蓄水功能，径流系数变大，上述土地利用情况的改变造成从降雨到产流的时间大大缩短，雨水被集中快速排放，使得地表径流量和产流速度增加、汇流时间缩短、峰现时间提前，洪峰流量明显增大。

使用 2013 年、2017 年和贵安新区示范区规划后的下垫面数据，采用ENVI 软件对遥感数据进行了图像处理，按照农用地、林地、草地、村镇、水面、道路、其他（裸地）等 7 种类型对 2013 年和 2017 年的卫星遥感数据进行解译，以及按照居住用地、公共管理与公共服务用地、商业服务业设施用地、工业用地、水体、道路和绿地与广场用地等 7 类土地利用类型对贵安新区示范区规划后的卫星遥感数据进行解译（见图 5.2 和图 5.3）。规划后下垫面分析如图 5.4 所示。

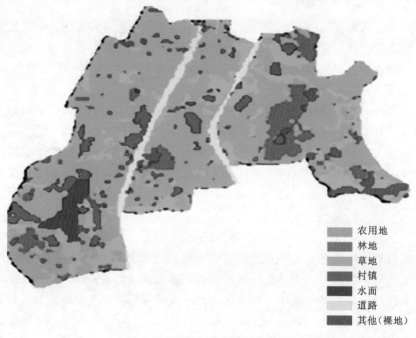

图 5.2   2013 年贵安新区下垫面

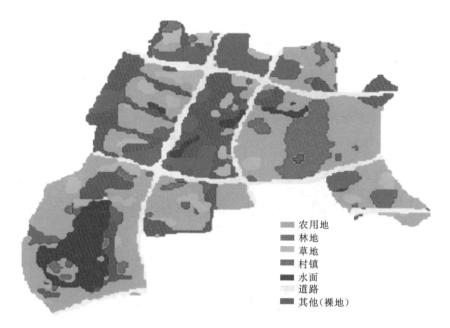

图 5.3　2017 年贵安新区下垫面

图例：
农用地
林地
草地
村镇
水面
道路
其他（裸地）

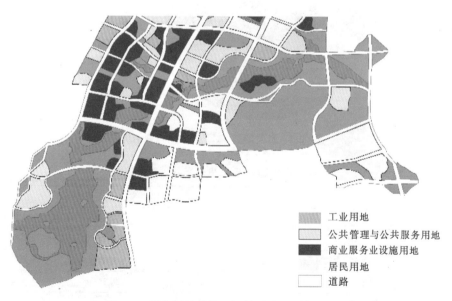

图例：
工业用地
公共管理与公共服务用地
商业服务业设施用地
居民用地
道路

图 5.4　贵安新区示范区规划后下垫面分析

　　对农用地、林地、草地、村镇、水面、道路、其他（裸地）等 7 种类型进行统计，分别见图 5.5、图 5.6 和表 5.1。

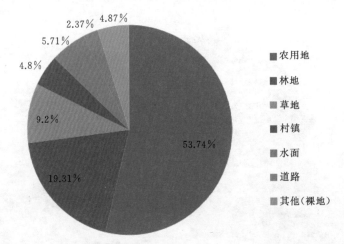

图 5.5　贵安新区 2013 年用地类型结构图

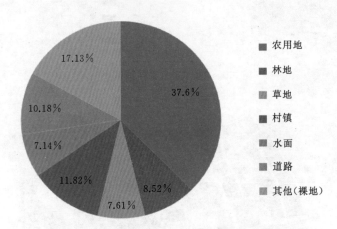

图 5.6　贵安新区 2017 年用地类型结构图

表 5.1　　　　　　　　　贵安新区 2013 年、2017 年用地类型统计

序号	地类	面积/km²		比例/%	
		2013 年	2017 年	2013 年	2017 年
1	农用地	10.26	7.18	53.74	37.6
2	林地	3.69	1.63	19.31	8.52
3	草地	1.76	1.45	9.2	7.61
4	村镇	0.92	2.26	4.8	11.82
5	水面	1.09	1.36	5.71	7.14
6	道路	0.45	1.94	2.37	10.18
7	其他（裸地）	0.93	3.27	4.87	17.13

通过表 5.1 对比分析，研究区的下垫面类型多样，其中农用地分布广、面积大，随着城市化的发展，从 2013 年到 2017 年，农用地、草地、林地的面积逐渐减少，分别减少了 30%、55.9%、17.3%；村镇、道路、裸地的面积逐渐增加，分别增加了 59.4%、76.7%、71.6%。

贵安新区示范区规划用地面积总计 19.10km²，主要包括居住用地、公共管理与公共服务用地、商业服务业设施用地、工业用地、水体、道路和绿地与广场用地七类（见图 5.7 和表 5.2）。

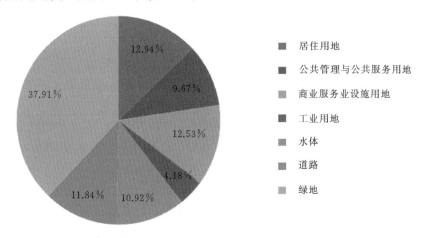

图 5.7　贵安新区规划后用地类型比例图

表 5.2　　　　　　　　贵安新区规划后规划后用地类型统计表

序号	地　　类	面积/km²	比例/%
1	居住用地	2.47	12.94
2	公共管理与公共服务用地	1.85	9.67
3	商业服务业设施用地	2.39	12.53
4	工业用地	0.80	4.18
5	水体	2.09	10.92
6	道路	2.26	11.84
7	绿地	7.24	37.91

由表 5.2 可知，绿地面积最大，约为 7.24km²，占研究区面积的 37.91%；居住用地面积次之，约为 2.47km²，占研究区面积的 12.94%；商业服务业设施用地面积为 2.39km²，占研究区面积的 12.53%；公共管理与公共服务用地面积为 1.85km²，占研究区面积的 9.67%；工业用地面积为 0.80km²，占研究区面积的 4.18%；道路面积为 2.26km²，占研究区面积的 11.84%；水体面积为 2.09km²，占研究区面积的 10.92%。

分析研究区 2017 年和规划后下垫面的变化，可知农用地、林地变成了柏油马路、城市广场和建筑物，建筑物面积由规划前的 2.2km² 变成规划后的 5.52km²，增加了 59%；水体面积由规划前的 1.36km² 变成规划后的 2.09km²，增加了 34.6%；由于城市化的扩张，道路面积由规划前的 1.95km² 变成规划后的 2.26km²，增加了 37.71%。

5.4 降雨数据

5.4.1 实测降雨

采取人工监测、仪器在线监测方式获取连续降雨和径流数据。实测雨量信息来自研究区域的四个雨量站，选取降雨径流序列范围为 2016—2018 年，共 5 场短历时降雨，分别为 2017 年 7 月 11 日、2017 年 6 月 23 日、2017 年 5 月 23 日、2017 年 9 月 3 日和 2017 年 7 月 8 日，以降雨强度作为降雨参数输入，将收集到的降雨量数据整理成降雨强度，示范区的径流数据为示范区排水口整个控制面积的径流数据去除外界进入示范区的监测数据，如外界进入示范区无监测数据，计算出该监测点所控制的面积，由面积比例法计算出该监测点的径流数据。

5.4.2 设计降雨

根据最新版《室外排水设计规范》（GB 50014—2006）的要求，暴雨强度公式应按年最大值法进行推演。根据《贵安新区直管区排水（雨水）防涝规划》，贵安新区暴雨强度公式为

$$q = \frac{4184.142 \times (0.7631gP)}{(t+16.771)^{0.878}} \tag{5.1}$$

式中：q 为平均暴雨强度，L/(s·hm²)；P 为设计降雨重现期，a；t 为降雨历时，min。

现行的雨型推求公式很多，如芝加哥雨型、模糊识别法、Huff 法等，由于芝加哥雨型的雨强过程容易模拟、雨峰位置不受降雨历时影响、对降雨资料的要求较低、使用方便等，得到了较为广泛的应用。因此，采用芝加哥雨型作为研究区降雨雨型。从大量降雨资料可以看出，国内地区平均雨峰位置参数 r 为 0.3～0.5，当降雨资料不足时，雨峰位置参数取 0.4 左右。模型模拟采用重现期分别为 0.5 年、2 年、5 年、10 年、20 年、50 年的短历时设计降雨，雨峰系数 r 取 0.4，降雨时长为 120min，结果分别见表 5.3 和图 5.8。

表 5.3　　　　　　　　　　贵安新区不同重现期 2 小时降雨强度表

时间/min	重现期/a					
	0.5	1	5	10	20	50
0	3.55	4.6	7.05	8.11	9.17	10.56
5	4.04	5.24	8.03	9.24	10.44	12.03
10	4.67	6.07	9.31	10.70	12.09	13.93
15	5.53	7.18	11.00	12.65	14.29	16.47
20	6.71	8.71	13.36	15.36	17.36	20.00
25	8.45	10.96	16.81	19.33	21.85	25.18
30	11.17	14.50	22.24	25.57	28.90	33.31
35	15.91	20.66	31.67	36.42	41.17	47.44
40	25.54	33.16	50.84	58.46	66.07	76.14
45	51.31	66.60	102.12	117.41	132.71	152.93
50	70.97	92.14	141.27	162.44	183.60	211.57
55	39.20	50.88	78.02	89.71	101.39	116.84
60	25.54	33.16	50.84	58.46	66.07	76.14
65	18.32	23.79	36.47	41.94	47.40	54.62
70	14.00	18.17	27.86	32.03	36.21	41.73
75	11.17	14.50	22.24	25.57	28.90	33.31
80	9.21	11.96	18.34	21.08	23.83	27.46
85	7.79	10.11	15.50	17.82	20.14	23.21
90	6.71	8.71	13.36	15.36	17.36	20.00
95	5.87	7.63	11.69	13.45	15.20	17.51
100	5.21	6.77	10.37	11.93	13.48	15.54
105	4.67	6.07	9.31	10.70	12.09	13.93
110	4.23	5.49	8.42	9.68	10.94	12.61
115	3.86	5.01	7.68	8.83	9.98	11.50
120	3.55	4.60	7.05	8.11	9.17	10.56

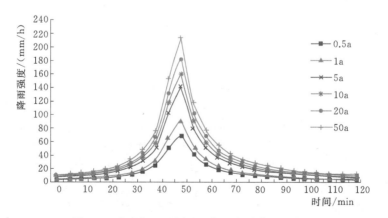

图 5.8　贵安新区不同重现期 2 小时降雨强度图

5.5 城市规划前模型构建

SWMM 模型构建包括基础数据收集、数据导入等前期准备工作，模型的基础数据将直接影响模型运行结果的精准度（见图 5.9）。SWMM 模型目前已经被广泛应用于全球城市排水系统的规划和设计中，但要将其引入贵安新区示范区，需要结合贵安新区的实际情况进行改进，主要是对模型中相关的参数进行率定和检验模型的适用性。只有通过模型必要的检验，选择合理的产流、汇流参数，才能将其推广应用到贵安新区，取得合理的分析计算成果。

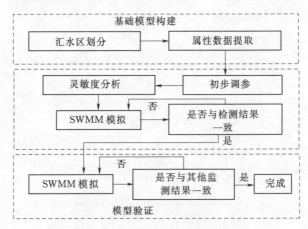

图 5.9 SWMM 模型构建流程图

5.5.1 现状排水系统概化

根据贵安新区示范区 2017 年土地利用现状，构建现状暴雨洪水模型，城市规划前 SWMM 模型概化图如图 5.10 所示，研究区总面积为 19.1km²，不透水面积为 5.41km²，占总面积的 28.33%；透水面积为 13.69km²，占总面积的 71.67%。根据获得资料可知，研究区有 2 个水库和 3 个湖泊，分别是汪官水库、寅贡水库和卧龙湖、见龙湖和飞龙湖。其中汪官水库现状水域面积为 0.68km²，正常水位为 1240.00m，正常蓄水位以下库容为 172 万 m³；寅贡水库现状水域面积为 0.05km²，正常水位为 1227.70m，正常蓄水位以下库容为 6.2 万 m³；卧龙湖正常水位为 1233.00m，现状水域面积为 0.13km²，正常蓄水位以下库容为 13 万 m³；见龙湖正常水位为 1230.00m，现状水域面积为 0.13km²，正常蓄水位以下库容为 30 万 m³；飞龙湖正常水位为 1225.00m，现状水域面积为 0.16km²，正常蓄水位以下库容为 37 万 m³。将水库和湖泊概化为蓄水单元，整个研究区域共划分 18 个排水单元、36 个节点和 4 个蓄水单元，研究区内共有 4 个雨量计，出水口 1 个，车田河横跨整个研究区。河道尺寸等数据通过实际的测绘数据得到，地表类型通过 Google earth 及现场勘测得到，汇水区面积和坡度等参数通过 GIS 统计的方法获得。

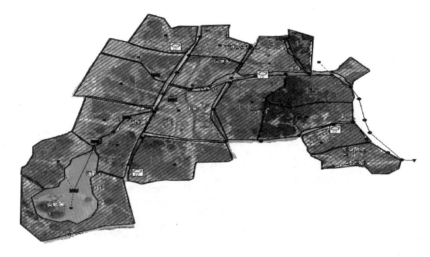

图 5.10　研究区现状概化图

5.5.2　规划前参数设置

根据贵安新区示范现状，暴雨洪水模型的参数主要参考 SWMM 模型用户手册中的典型值、通过 GIS 分析以及实测值，汇流采用非线性水库模型模拟，主要参数有地表坡度、不透水率、透水面/不透水面曼宁粗糙系数、管道曼宁系数、透水地表和不透水地表洼蓄量等，主要利用 ArcGIS10.3 的数据处理及空间分析功能，进行城市雨洪模型部分数据的预处理，以提高模型输入数据的准确性及便捷性，具体包括子汇水区面积的提取、子汇水区平均坡度及不透水率的统计分析。

（1）汇水区面积。汇水区面积是指各个子汇水区的面积，可以直接由地图或研究区实地勘测获得，一般通过 GIS 自动测量系统获得。各个子汇水区面积汇总见表 5.4。

表 5.4　　　　　　　　研究区规划前汇水区面积汇总表

汇水区编号	1	2	3	4	5	6	7	8	9
面积/km²	1.47	0.93	0.82	0.77	1.40	0.61	0.75	0.59	0.69
汇水区编号	10	11	12	13	14	15	16	17	18
面积/km²	1.16	1.45	0.47	0.68	1.22	0.87	1.10	0.54	0.72

（2）坡度。径流的地表坡度对于透水区和不透水区是相同的，取值一般为子汇水区的平均坡度，计算坡度以 DEM 为基础，使用 ArcGIS10.3 的"水文分析"模块的"坡度"函数进行坡度分析，生成坡度图，进而使用分区统计工具得到每个汇水区域的平均坡度，其分布如图 5.11 所示。各子汇水区坡度汇总见表 5.5。

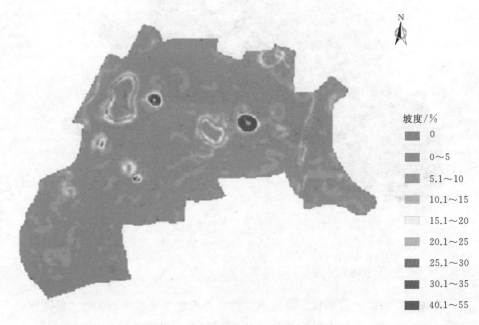

图 5.11 研究区规划前汇水区坡度分布图

表 5.5　　　　　　　　　　　研究区规划前汇水区坡度汇总表

汇水区编号	1	2	3	4	5	6	7	8	9
坡度/%	2.72	4.52	3.89	4.51	6.41	5.86	2.85	2.78	3.17
汇水区编号	10	11	12	13	14	15	16	17	18
坡度/%	3.72	2.81	5.72	3.78	7.16	5.2	4.04	4.97	3.58

（3）宽度。根据城市水文响应单元汇流计算方法，特征宽度 W 的物理意义是非线性水库汇流法概化的矩形明槽宽度。特征宽度的估算方法见表 5.6（梅超，2019）。

表 5.6　　　　　　　　　　　特征宽度 W 估算方法

编号	计算公式	参数意义及方法内涵
1	$W = \sqrt{A/\pi}$	A 为单元面积，π 为圆周率。该方法相当于将响应单元概化成一个圆形，W 为圆心到圆周的距离

编号	计算公式	参数意义及方法内涵
2	$W = \sqrt{A}$	A 为单元面积，该方法相当于将响应单元概化成一个正方形，W 为正方形的边长
3	$W = \sqrt{x^2 + y^2}$	该方法相当于将响应单元概化成一个矩形，W 为矩形的斜边长，x 和 y 分别为矩形的长和宽
4	$W = \sqrt{A/L}$	A 为单元面积，L 为单元最远汇水长，需要根据城市水文响应单元的实际形状获取

结合研究区实际情况，各子汇水区宽度汇总见表 5.7。

表 5.7 　　　　　　　　　研究区规划前汇水区宽度汇总表

汇水区编号	1	2	3	4	5	6	7	8	9
宽度/m	1214	963	903	877	1181	778	865	768	831
汇水区编号	10	11	12	13	14	15	16	17	18
宽度/m	1078	1206	685	822	1105	934	1049	734	847

（4）不透水率。不透水率是指汇水区中不渗透地表覆盖的子汇水面积百分比，如屋顶、道路等雨水不能下渗的地方，利用 ArcGIS10.3 Intersect 工具将子汇水区与土地利用图层进行提取计算，获取子汇水区的不透水率。不透水率是水文特征中最敏感的参数，各子汇水区的透水地表类型见表 5.8。

表 5.8 　　　　　　　　研究区规划前汇水区透水地表类型汇总表

汇水区编号	1	2	3	4	5	6	7	8	9
不透水率/%	14.08	9.65	13.53	15.94	21.97	12.6	29.4	42.92	19.64
汇水区编号	10	11	12	13	14	15	16	17	18
不透水率/%	29.49	10.78	8.53	20.97	9.54	9.63	9.85	26.16	20.48

（5）曼宁粗糙系数。曼宁粗糙系数反映了水流通过子汇水面积和管道表面时遇到的阻力。由于 SWMM 模型应用曼宁公式计算径流糙率，所以这个系数与曼宁公式中的粗糙系数 n 相同，根据有关文献参考值进行参数取值范围的确定及参数组合的预估，参数取值范围见表 5.9。

表 5.9 　　　　　　　　　地表表漫流曼宁系数汇总表

地表类型	曼宁系数	地表类型	曼宁系数
平坦的沥青	0.011	居住面积小于 20%	0.06
平坦的混凝土	0.012	居住面积大于 20%	0.17
混凝土衬砌	0.013	自然草场	0.13

续表

地表类型	曼宁系数	地表类型	曼宁系数
木板	0.014	草地和森林	0.14
水泥砂浆砌砖墙	0.014	稀疏的草地	0.15
陶土	0.015	茂密的草地	0.24
铸铁	0.015	狗牙根草	0.41
波纹金属管	0.024	稀疏的林下灌木	0.4
水泥碎石表面	0.024	茂密的林下灌木	0.8
管道	0.009~0.015	河道	0.011~0.035

（6）洼地蓄水量。洼地蓄水量是指降雨落入地面的初始损失，反映了子汇水面积的洼地蓄水深度（简称"洼蓄深"）。洼地存储即初损，如下垫面塘洼、屋顶、植被的截留和使下垫面湿润的值，取值范围见表 5.10。

表 5.10 典型地面洼蓄深值

地表类型	洼蓄深/mm	地表类型	洼蓄深/mm
不透水表面	1.27~2.54	牧场	5.08
草地	2.54~5.08	森林（有枯叶等）	7.62

（7）不透水区中无洼地面积百分比。不透水区中无洼地面积百分比反映了满足洼地蓄水之前降雨开始后发生的径流，它表示降雨通过没有地表蓄水的路面、屋顶直接排向路边的下水管道中。这个变量的缺省值一般为 25%，但可以根据不同的小流域进行调整。除非该区域存在特殊的环境，无洼地存储的不透水面积率的推荐值为 25%。

（8）下渗模型。SWMM 模型中用于计算入渗损失和地表产流的模型有 Horton、Green-Ampt（G-A）和 SCS-CN（曲线数）三种。喀斯特地表土壤厚度极不均匀，含水介质的孔隙、裂隙、管道发育也很不均一，造成入渗速率明显偏大，已有的研究与应用表明，SCS-CN 模型可用于估算喀斯特区的入渗产流。

选用 SCS-CN 径流曲线数模型，根据前期土壤含水量条件对曲线进行调整，结合流域的土壤和地表覆被条件，再进行不同土地利用面积的统计，按照 SCS-TR55 用户手册赋以相应的 CN 值，然后取加权平均值。由于 CN 值与土壤类型有关，本研究区主要为残坡积红黏土，其次为冲洪积卵砾石及砂土，属于 C 类土壤，其取值范围见表 5.11。

表 5.11   基于土地利用的 *CN* 值选择参考

地表覆被类型	*CN* 值	地表覆被类型	*CN* 值
耕种土地	78~85	商业和经济区	90~95
牧场土地	75~86	工业区	90~95
草地	60~70	居民区	80~90
树林或林地	70~77	铺砌式停车场、屋顶	95~98
开阔地、公园	75~79	街道和道路	87~98

（9）各汇水区参数汇总。贵安新区城市化规划前各汇水区参数设置详见表 5.12。

表 5.12   贵安新区规划前各汇水区参数设置表

编号	面积/hm²	坡度/%	宽度/m	不透水率/%	*CN* 值
1	147.36	2.72	1214	14.08	75
2	92.77	4.52	963	9.65	65
3	81.58	3.89	903	13.53	68
4	76.93	4.51	877	15.94	70
5	139.68	6.41	1181	21.97	75
6	60.59	5.86	778	12.6	70
7	74.84	2.85	865	29.4	80
8	59.09	2.78	768	42.92	85
9	69.09	3.17	831	19.64	80
10	116.42	3.72	1078	29.49	85
11	145.4	2.81	1206	10.78	68
12	47.03	5.72	685	8.53	80
13	67.67	3.78	822	20.97	65
14	122.3	7.16	1105	9.54	70
15	87.33	5.2	934	9.63	60
16	110.19	4.04	1049	9.85	70
17	53.95	4.97	734	26.16	80
18	71.82	3.58	847	20.48	70

5.5.3 参数灵敏度分析

城市雨洪管理措施模块没有实测数据进行验证，为保证模型运行的可靠性和参数最优性，对 SWMM 模型参数进行灵敏度分析，定量识别影响某一状态变量模拟输出的重要参数，以便对相应的灵敏参数进行有效识别和不确定性分析，可提高参数率定效率和模型预测的可靠性。SWMM 模型参数分为两类：第一类参数通常为区域特征参数，如子汇水区面积、坡度、内底标高和降雨量等，可以通过在 GIS、CAD 图或 SWMM 模型背景图中直接测量得到；第二类参数一般无法直接获取，如不透水率、透水面/不透水面曼宁粗糙系数、管道曼宁系数、透水地表和不透水地表的洼蓄量、径流曲线数（CN）、孔隙率、导水率、地下出流系数、地表入流系数等，适用于特定地区，具有相对性，可根据模型手册或参考文献的推荐范围取值。

选取第二类参数进行灵敏度分析，利用 2017 年 6 月 22 日降雨进行参数灵敏度分析，在其他参数不变的情况下，改变某一参数值（设定在 ±10% 变化），分析对出水口洪峰流量的变化率，进而来分析参数敏感度。结果见表 5.13，水文参数灵敏度分析雷达如图 5.12、图 5.13 所示。

表 5.13　　　　2017 年 6 月 22 日降雨过程参数灵敏度分析结果　　　　　　%

参　　　数	参　数　变　化	
	10%	−10%
不透水率	+7.86	−5.68
透水面曼宁粗糙系数	0.23	0.19
不透水面曼宁粗糙系数	−1.25	1.32
透水地表洼蓄量	0.09	0.11
不透水地表洼蓄量	−0.32	0.28
径流曲线数（CN）	1.45	−0.56
河道/管道曼宁系数	−3.8	4.4

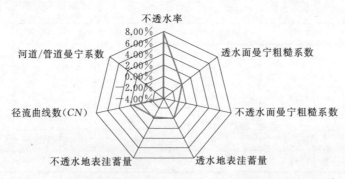

图 5.12　2017 年 6 月 23 日水文参数灵敏度分析雷达图（+10%）

从表 5.13 中可知，不透水率、河道/管道曼宁系数、径流曲线数（CN）、不透水面曼宁粗糙系数等参数敏感度较高，透水面曼宁粗糙系数、透水地表洼蓄量、不透水地表洼蓄量次之。

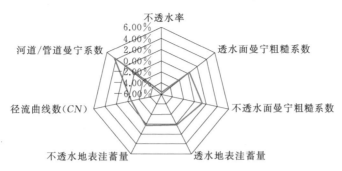

图 5.13　2017 年 6 月 23 日水文参数灵敏度分析雷达图（－10％）

5.5.4　模型参数预估值

在建立模型过程中，常常会产生不确定性，主要是模型结构的不确定性和参数的不确定性。一方面，现实的城市产汇流过程、管网汇流过程错综复杂，现阶段的表述方法及求解难以实现城市全过程产汇流模拟及求解，因此不可避免地会产生模拟误差；另一方面，由于基础数据难以及时获得更新、监测数据难以准确获得以及一些水文水力参数通过经验、文献获取，也增加了参数不确定性。因此，在应用模型的过程中需要对模型参数进行校准，直到最优，以提高模型模拟分析的精度和可靠性。

本研究中需要校准的参数及经验预估值见表 5.14。

表 5.14　　　　　　　　　　　SWMM 模型参数预估值

参数名称		经验取值范围	预估值
曼宁系数	不透水区	0.011～0.024	0.015
	透水区	0.06～0.24	0.2
	管道	0.009～0.015	0.011
	河道	0.011～0.035	0.03
洼蓄量/mm	不透水区	1.5～3.5	3.5
	透水区	2.54～7.62	6.8

5.5.5　参数校准与验证

本书根据《贵阳市水文手册》中的参数范围和 SWMM 模型应用手册，并结合喀斯特地区的相关文献资料（黄国如等，2015），采用五场降雨的 Nash 效率系数作为模型校准函数。模型参数校准采用 2017 年 7 月 11 日、2017 年 6

月 23 日和 2017 年 5 月 23 日三场短历时降雨，校准完成之后用得到的参数对 2017 年 9 月 3 日和 2017 年 7 月 8 日场次降雨进行验证。

　　根据我国《水文情报预报规范》（GB/T 22482—2008）要求，洪水预报误差评定包括洪峰流量、峰现时间、洪水总量和洪水过程等要素，采用洪峰流量相对误差和 Nash 效率系数两个指标衡量模型模拟精度（芮孝芳等，2015）。

　　洪峰流量的模拟误差一般用相对误差 δ_m 表示，计算公式为

$$\delta_m = \frac{Q_0 - Q_c}{Q_0} \times 100\% \tag{5.2}$$

式中：Q_0 和 Q_c 分别为排水口的实测峰值流量和模拟峰值流量。

　　水文效应模拟误差一般采用 Nash 效率系数 N_s 表示，计算公式为

$$N_s = 1 - \sum_{i=1}^{n} \frac{(Q_{0i} - Q_{ci})^2}{(Q_{0i} - \overline{Q}_0)^2} \tag{5.3}$$

式中：Q_{0i} 和 Q_{ci} 分别为汇水区第 i 时刻实测径流流量和模拟径流流量；$\overline{Q}_0$ 为汇水区不同时刻 i 实测径流流量的平均值；n 为时间段数。N_s 值越接近 1，表明模拟结果的精度就越高。

　　模型模拟时，河道的初始流量设置为 0，与研究区出水口的实测流量数据进行对比，计算出水口的实测流量与模拟流量的 Nash 效率系数，5 场降雨均达到 0.78 以上。图 5.14、图 5.15 和图 5.16 为校准期实测流量与模拟流量过程图，图 5.17 和图 5.18 为验证期实测流量与模拟流量过程图，洪水模拟效果评价见表 5.15。

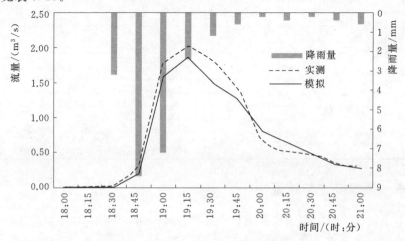

图 5.14　2017 年 7 月 11 日降雨模拟结果

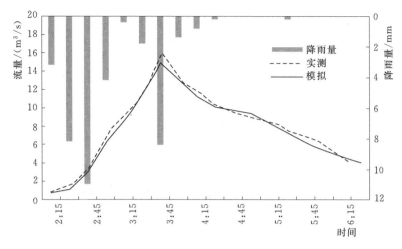

图 5.15　2017 年 6 月 23 日暴雨模拟结果

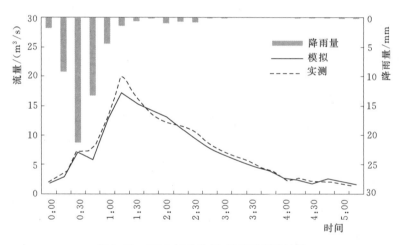

图 5.16　2017 年 5 月 23 日暴雨模拟结果

表 5.15　　　　　　　　　　　模型参数模拟结果误差表

项目	场次降雨	洪量相对误差/%	洪峰相对误差/%	Nash 效率系数
模拟期	2017 - 07 - 11	−10.36	8.78	0.85
	2017 - 06 - 23	−4.58	7.32	0.87
	2017 - 05 - 23	5.3	16.05	0.78
验证期	2017 - 09 - 03	−6.83	−12.18	0.82
	2017 - 07 - 08	−11.89	9.82	0.85

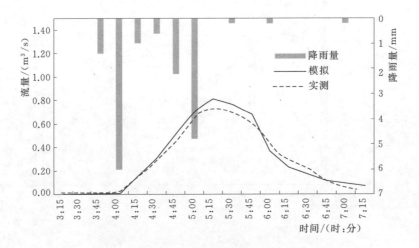

图 5.17   2017 年 9 月 3 日降雨模拟结果

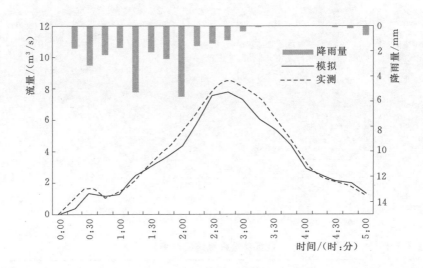

图 5.18   2017 年 7 月 8 日暴雨模拟结果

整体而言，SWMM 模型在贵安新区示范区的 5 场降雨模拟效果较好，见图 5.14～图 5.18 和表 5.15。校准期的 3 场降雨洪水过程中，Nash 效率系数均大于 0.78，洪峰流量相对误差均小于 15%；模型验证期 2017 年 9 月 3 日和 2017 年 7 月 8 日场次暴雨径流过程 Nash 效率系数均大于 0.82，洪峰流量相对误差最大为 −12.18%。校准的参数见表 5.16。

表 5.16　　　　　　　　　　参 数 校 准 表

参　数　名　称		预估值	校准值
曼宁系数	不透水区	0.015	0.016
	透水区	0.2	0.18
	管道	0.011	0.015
	河道	0.03	0.026
洼蓄量/mm	不透水区	3.5	3.2
	透水区	6.8	6.5

5.6　城市规划后模型构建

5.6.1　城市规划后排水系统概化

由于研究区规划后排水管网错综复杂，整体概化规划后的排水管网会导致模型的误差较大。因此，将研究区划分为单个子汇水区时，不仅要考虑喀斯特地区特征分布的差异性，还要考虑排水管网的布局情况，将实际的排水管网简化为管网模型，即忽略合并次要的管网、保留主要道路上的管网，使简化后的管网数据符合模型需要，在确保模型真实准确的情况下，使简化过程具有一定的科学性。

研究区面积为 19.1km²，其中透水面积为 7.15km²，占研究区总面积的 37.43%；不透水面积为 11.95km²，占研究区总面积的 62.57%。根据已获得的水文资料可知，贵安新区示范区规划后有 2 个水库和 3 个湖泊，其中汪官水库扩建为月亮湖，扩建后面积为 1.41km²，正常蓄水位以下库容为 277 万 m³；寅贡水库扩建后面积为 0.13km²，正常蓄水位以下库容为 138 万 m³；卧龙湖扩建后正常蓄水位以下库容为 18.9 万 m³，平均水深为 0.58m；见龙湖扩建后正常蓄水位以下库容为 39.9 万 m³，平均水深为 0.7m；飞龙湖扩建后正常蓄水位以下库容为 41.1 万 m³，平均水位为 0.50m。结合研究区规划和雨水管网的概化原则，将整个研究区域划分为 143 个子汇水区，108 个节点和 4 个蓄水单元，管渠 105 条，自然河流 3 条，出水口 1 个。

5.6.2　城市化后参数的设置

参数设置参照研究区规划前模型选取，人工管道按照贵安新区规划资料及典型值选取，其中贵安新区规划后的曼宁系数和洼蓄量与规划前相同，城市化后其他部分子汇水区参数设置见表 5.17。

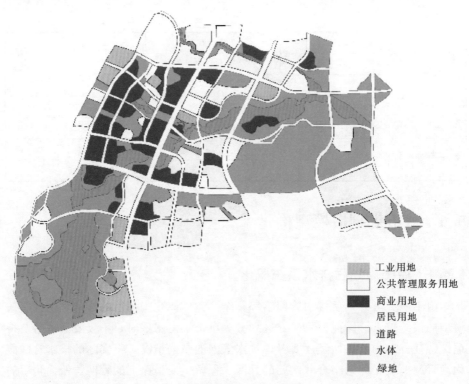

图 5.19　研究区规划图

图例：
工业用地
公共管理服务用地
商业用地
居民用地
道路
水体
绿地

表 5.17　　　　　　　　　　　部分子汇水区参数设置表

编号	面积/km²	坡度/%	宽度/m	不透水率/%	CN 值
1	0.22	1.73	466.70	68	85
2	0.09	3.42	293.43	67	83
3	0.03	2.72	173.21	8	70
4	0.08	2.79	273.86	69	86
5	0.09	3.25	294.79	65	83
6	0.06	3.04	241.04	68	85
7	0.07	3.38	257.68	67	84
8	0.09	3.17	295.30	80	92
9	0.13	2.73	359.72	80	91
10	0.06	3.53	252.2	75	88
11	0.24	4.23	505.07	75	87
12	0.2	4.88	453.32	23	68
13	0.28	2.86	527.45	28	70
14	0.13	2.58	357.07	25	69
15	0.03	3.89	162.79	40	72

5.7　贵安新区示范区规划前后水文过程对比分析

选择 2 场实测降雨和 3 场设计降雨数据对贵安新区示范区规划前后进行历史洪涝重现模拟，模拟结果见表 5.18 和图 5.20～图 5.24。结果表明：2 场实测降雨在传统模式下的城市化后平均径流系数分别比规划前增加 0.37 和 0.36，洪峰流量分别是规划前的 1.9 倍和 2.08 倍，峰现时间分别比规划前提前 20min、15min；3 场设计降雨在传统模式下城市化后的平均径流系数分别比规划前增加 0.38、0.43、0.44，洪峰流量分别是规划前的 1.73 倍、1.76 倍、1.64 倍，峰现时间分别比规划前提前了 15min、10min、10min。由此说明研究区规划后土地利用类型的变化，地表透水率降低，导致地表径流量增加、径流系数增大、洪峰流量变大、峰现时间提前。

表 5.18　　　　　　　　　　研究区规划前后水文过程

场次	情景	平均径流系数	洪峰流量 /(m³/s)	峰现时间 /(时：分)	时间差 /min
2017 - 09 - 06	规划前	0.15	4.16	4：50	
	规划后	0.52	7.92	4：30	−20
2018 - 05 - 01	规划前	0.18	7.87	2：30	
	规划后	0.54	18.07	2：15	−15
1 年一遇	规划前	0.14	12.01	2：00	
	规划后	0.52	20.81	1：45	−15
5 年一遇	规划前	0.23	24.09	1：55	
	规划后	0.66	42.50	2：05	−10
20 年一遇	规划前	0.24	42.95	1：45	
	规划后	0.68	63.86	1：35	−10

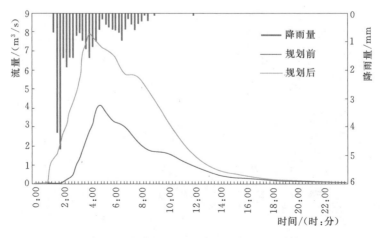

图 5.20　2017 年 9 月 6 日次洪规划前后排水口模拟结果对比图

103

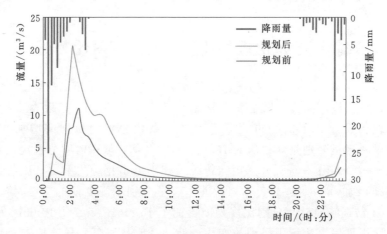

图 5.21　2018 年 5 月 1 日次洪规划前后排水口模拟结果对比图

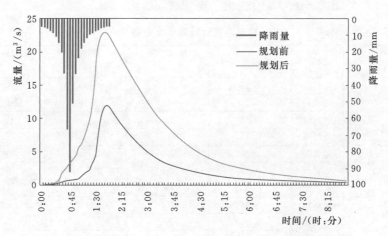

图 5.22　设计降雨 1 年一遇洪规划前后排水口模拟结果对比图

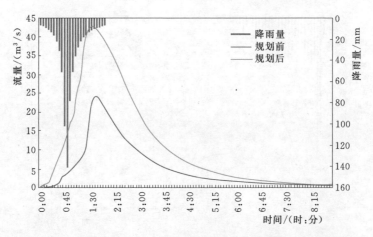

图 5.23　设计降雨 5 年一遇洪规划前后排水口模拟结果对比图

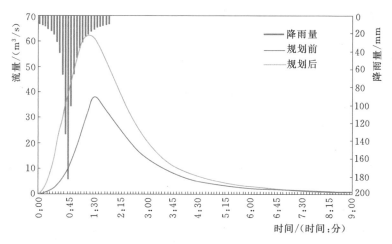

图 5.24　设计降雨 20 年一遇洪规划前后排水口模拟结果对比图

5.8　本章小结

　　本章对贵安新区海绵城市建设示范区 2013 年、2017 年和规划后下垫面进行分析，随着城市化的发展，研究区土地利用类型由农田、林地等变成了柏油马路、城市广场和建筑物，其不透水率逐渐增高；详细介绍了 SWMM 模型的基本功能和模拟原理，结合贵安新区暴雨强度公式和芝加哥雨型生成器得到研究区不同重现期下的降雨强度数据，根据示范区下垫面情况建立规划前和规划后的 SWMM 模型，通过模拟分析研究区规划前后的水文效应，可知规划后由于下垫面的改变，地表不透水面积增加，使地表径流量增大、峰值流量变大、峰现时间提前，对研究区的排水系统提出了更高的要求。因此，针对城市化后引起的水文效应，引入城市雨洪控制措施是必要的。

6

城市雨洪控制技术措施

随着我国城镇化进程的不断加快，传统的雨洪管理技术已经不能满足现代城市可持续发展的要求，而可持续的排水系统已成为城市可持续发展的必备条件之一。可持续的排水系统应以保护生态为原则、以保持自然排水形式为基础、以模仿自然水循环为目的，可持续城市排水系统目标及方法见表6.1。雨洪管理措施采用分散、多样的源头控制技术，结合雨水汇流过程的过滤净化技术以及终端滞留利用技术，达到减少雨水径流、降低径流污染物、增加雨水入渗、补给地下水的目的，实现保持和恢复场地的天然水文机制（徐涛，2014）。因此，雨洪管理措施是一种基于生态保护及城市化可持续发展的管理策略，能够满足现代城市可持续发展的要求。

表 6.1 可持续城市排水系统目标及方法

目　标	方　法
减少地表径流，提高城市防洪能力	使新开发区引起的流域水文特征改变最小化，引入恢复自然降雨径流特征的技术
储留水资源	增加入渗补充地下水，利用技术收集存储降雨径流，用于低质用水
保存自然生境和多样性	扩大城市河道内及周边的动植物种群，促进自然守恒和生物多样性
提高城市环境中河道的舒适值	鼓励将城市河道作为地区的休闲、舒适和环境感悟的地点

低影响开发技术按主要功能一般可分为渗透、储存、调节、转输、截污净化等几类。通过各类技术的组合应用，可实现径流总量控制、径流峰值控制、径流污染控制、雨水资源化利用等目标。实践中，应结合不同区域水文地质、水资源等特点，进行技术经济分析，按照因地制宜和经济高效的原则选择低影响开发技术及其组合系统。

各类低影响开发技术又包含若干不同形式的低影响开发设施，主要有透水铺装、绿色屋顶、下凹式绿地、生物滞留设施、渗透塘、渗井、湿塘、雨水湿地、蓄水池、雨水罐、调节塘、调节池、植草沟、渗管/渠、植被缓冲带、初期雨水弃流设施、人工土壤渗滤等。

低影响开发单项设施往往具有多个功能，如生物滞留设施的功能除渗透补充地下水外，还可削减峰值流量、净化雨水，实现径流总量、径流峰值和径流污染控制等多重目标。因此，应根据设计目标灵活选用低影响开发设施及其组合系统，根据主要功能，按相应的方法进行设施规模计算，并对单项设施及其组合系统的设施选型和规模进行优化。

6.1　低影响开发技术措施体系构建

低影响开发技术措施根据雨水控制利用阶段的不同，可分为源头、汇流和终端三个不同的阶段；根据雨水控制利用方式的不同，可分为入渗、滞留、储留三种方式，每个阶段和方式有各自技术措施和主要目标。

6.1.1　按雨水控制利用阶段

在源头（水量和水质两方面）控制和缓解降雨径流问题是雨洪管理系统的关键原则，其目的是通过工程措施和非工程措施来减少雨水径流，将雨水就地入渗或延长雨水汇流路径，或暂时储存，以实现削减洪峰、减少径流量、改善水质的目的，达到补充地下水、改善地下水循环、减少绿化用水量的效果。源头控制一般在雨水进入市政沟渠、管道等排水系统之前采取的各种措施，如绿色屋顶、透水路面、储水罐等，从而减少进入排水系统的雨水径流量和受纳水体的污染物（徐涛，2014）。

汇流控制是指雨水径流量超过源头控制措施的处理能力后，溢流雨水在排入市政管网前，采取截留、调蓄、入渗等处理手段，将雨水处理、利用后再排放的过程。整个过程包含物理过程、化学过程以及降解、固定污染物的生物过程。汇流阶段可采取的技术措施主要有雨水截污挂篮、渗透渠、截污雨水井等。

终端控制是指雨水在排水系统末端收集后，利用物理过程过滤雨水中的悬浮物，利用化学、生物过程降解有机物和重金属离子，达到改善水质、雨水回用的目的。具体措施有雨水蒸发池、雨水湿地等。

6.1.2　按雨水控制利用方式

大气降水降落到地表后通常有三个去向：一是蒸发或入渗回补地下水，二是汇集处理后回用，三是排放到下游排水管网或受纳水体。每个去向都需要相应的配套设施和处理措施来实现。根据以上三个去向，可将雨水管理措施处理雨水的方式分为入渗、滞留、储留利用。

（1）入渗。雨水直接入渗是雨水管理措施处理雨水的重要方式。雨水径流入渗可以减少地表径流和市政管网的排水负担，补充地下水、缓解城市内涝。LID 雨水渗透设施通常是使雨水分散渗透到地下的人工设施，雨水渗透设施对涵养地下水、吸纳雨水径流有十分显著的作用。通过对地下水多年的监测结果显示，地表水的入渗对地下水水质不会构成威胁，因此科学合理地布局雨水渗透设施是一种非常有效的雨水调控技术。

（2）滞留。生物滞留设施，一般修建于汇水区的上游，利用植物和洼地滞留雨水，并利用土壤和微生物的过滤、降解作用去除雨水中的污染物质，达到水量和水质双重调控的目的。生物滞留技术是一种典型的分散式雨水控制利用措施，其占地面积小，可以在调控径流水量和改善水质的同时美化环境。生物滞留设施主要有下凹式绿地和雨水花园，前者可以通过降低原有绿地的标高布设在停车场、商业区以及城市主干道的中央分隔带中；后者多布设在居民区、公园等汇水面较小的区域。美国国家环保署研究显示，生物滞留系统对径流污染物的去除可达到 90% 以上，是一种非常高效的径流污染处理设施（刘蕴哲，2016）。

（3）储留利用。雨水储留的基本原理是利用天然形成或人工修建、改造的蓄水空间，将雨水临时滞留或长期存放，在空间上和时间上为雨水的继续利用创造条件，储存的雨水可以直接用于城市绿化、消防、厕所冲洗、绿地灌溉。雨水经水质处理后，可用于工业冷却、木材加工。

根据上述各方式的特点，可建立基于控制利用方式的低影响开发技术体系，见表 6.2。

表 6.2　　　　　　　　　雨水控制利用目标性技术体系

控制利用方式	技术措施	技　术　特　点
生物滞留设施体系	绿色屋顶	适用于平屋顶、坡屋顶；屋面径流系数减小到 0.3；削减径流量，减轻热岛效应，增加城市绿地面积
	下凹式绿地	适用于新开发、旧城改造区的绿化区域；减小洪峰、洪量；增加入渗量，减少排水，涵养水分
	雨水花园	适用于洼地区域；重要的工程性措施；改善水质，净化雨水，美化环境
雨水渗透设施体系	透水铺装	适用于人行道、轻交通流量路面、停车场；消减径流量，补充地下水
	渗透管渠	适用于雨水排水管，可与入渗井、池结合使用；调蓄能力较强，缺点是渗透能力较弱，难以清洗恢复

控制利用方式	技术措施	技　术　特　点
雨水渗透设施体系	渗透井	适用于水质好、水量大的情况，如城市水库的泄洪利用；占地小，适用地下空间，方便管理
	渗透池	适用于汇水面积大于 1hm^2 且有足够的可利用地面的情况，特别适合在城市新开发区或新建生态小区里应用；改善生态环境，提供水体景观
储留利用技术	屋面蓄水池	适用于屋面沉淀物和防水材料析出物较少的屋面；水质好，稍加处理可进入中水系统使用
	地面蓄水池	利用已有的池塘、洼地或人工开挖建造地面蓄水池；调蓄雨水，美化环境

6.2　透水铺装

透水铺装指采用渗透性强的多孔沥青或混凝土路面（见图 6.1 和图 6.2），其原理是表面的透水铺装单元改变了土壤地表的不透水率，使得暴雨所形成的径流能够迅速入渗到下层土壤，以削减径流总量。透水铺装按照面层材料不同可分为透水砖铺装、透水水泥混凝土铺装和透水沥青混凝土铺装，嵌草砖、园林铺装中的鹅卵石、碎石铺装等也属于透水铺装。

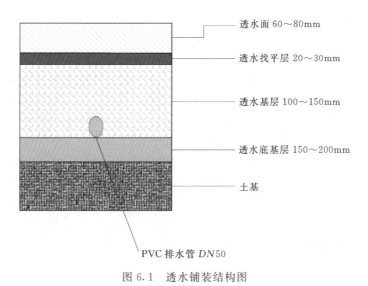

图 6.1　透水铺装结构图

透水铺装结构应符合《透水砖路面技术规程》（CJJ/T 188—2012）、《透水沥青路面技术规程》（CJJ/T 190—2012）和《透水水泥混凝土路面技术规

图 6.2　透水铺装效果图（贵安新区）

程》（CJJ/T 135—2009）的规定。透水铺装还应满足以下要求：

（1）透水铺装对道路路基强度和稳定性的潜在风险较大时，可采用半透水铺装结构。

（2）土地透水能力有限时，应在透水铺装的透水基层内设置排水管或排水板。

（3）当透水铺装设置在地下室顶板上时，顶板覆土厚度应不小于 600mm，并应设置排水层。透水砖铺装典型构造如图 6.1 和图 6.2 所示。

1）适用性：透水砖铺装和透水水泥混凝土铺装主要适用于广场、停车场、人行道以及车流量和荷载较小的道路，如建筑与小区道路、市政道路的非机动车道等，透水沥青混凝土路面可用于机动车道。透水铺装应用于以下区域时，还应采取必要的措施以防止次生灾害或地下水污染：①可能造成陡坡坍塌、滑坡灾害的区域，湿陷性黄土、膨胀土和高含盐土等特殊土壤地质区域；②使用频率较高的商业停车场、汽车回收及维修点、加油站及码头等径流污染严重的区域。

2）优缺点：透水铺装适用区域广、施工方便，可补充地下水并具有一定的峰值流量削减和雨水净化作用，但易堵塞，寒冷地区有被冻融破坏的风险。

6.3　下凹式绿地

下凹式绿地又称下沉地绿地指具有一定的调蓄容积而且可用于调节和净化降雨径流的绿地，其高程一般低于周围路面，地下水位低于下凹线位置，一般包括生物滞留设施、湿塘、雨水湿地、渗透塘、调节池等。

（1）下凹式绿地应满足以下要求：

1）下凹式绿地的下凹深度应根据植物耐淹性能和土壤渗透性能确定，一般为 100～200mm。

2）下凹式绿地内一般应设置溢流口（如雨水口），保证暴雨时径流的溢流排放，溢流口顶部标高一般应高于绿地 50～100mm。下凹式绿地典型构造如图 6.3 所示。

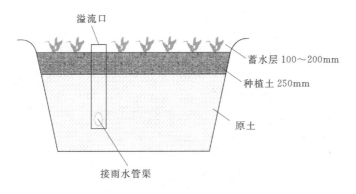

溢流口

蓄水层 100～200mm

种植土 250mm

原土

接雨水管渠

图 6.3　下凹式绿地结构图

（2）适用性：下凹式绿地可广泛应用于城市建筑与小区、道路、绿地和广场内。对于径流污染严重、设施底部渗透面距离季节性最高地下水位或岩石层小于 1m 及距离建筑物基础小于 3m（水平距离）的区域，应采取必要的措施防止次生灾害的发生。

（3）优缺点：下凹式绿地具有调蓄雨水、削减洪峰流量、美化环境、净化水质等优点，但大面积应用时，容易受地形条件的影响（见图 6.4）。

图 6.4　下凹式绿地效果图（贵安新区）

111

6.4   生物滞留设施

生物滞留设施指在地势低洼的区域，通过土壤、种植植物和微生物系统储蓄、下渗和净化直接降雨或来自周围区域的雨水径流，按应用位置的不同又称为生物滞留带或雨水花园等（见图 6.5 和图 6.6）。

图 6.5   生物滞留设施效果图（贵安新区）

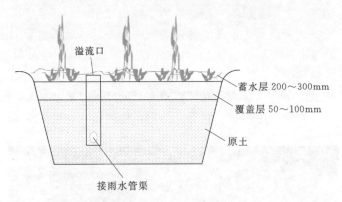

图 6.6   生物滞留设施结构图

（1）生物滞留设施应满足以下要求：

1）对于污染严重的汇水区应选用植草沟、植被缓冲带或沉淀池等对雨水径流进行预处理，去除大颗粒的污染物并减缓流速；应采取弃流、排盐等措施防止融雪剂或石油类等高浓度污染物侵害植物。

2）屋面雨水径流可由雨落管接入生物滞留设施，道路雨水径流可通过路缘石豁口进入，路缘石豁口尺寸和数量应根据道路纵坡等计算确定。

3）生物滞留设施应用于道路绿化带时，若道路纵坡大于1%，应设置挡水堰/台坎，以减缓流速并增加雨水渗透量；设施靠近路基部分应进行防渗处理，防止对道路路基稳定性造成影响。

4）生物滞留设施内应设置溢流设施，可采用溢流竖管、盖篦溢流井或雨水口等，溢流设施一般应低于汇水面100mm。

5）生物滞留设施宜分散布置且规模不宜过大，生物滞留设施面积与汇水水面面积之比一般为5%～10%。

6）复杂型生物滞留设施结构层外侧及底部应设置透水土工布，防止周围原土侵入。如经评估，认为下渗会对周围建（构）筑物造成塌陷风险，或者拟将底部出水进行集蓄回用时，可在生物滞留设施底部和周边设置防渗膜。

7）生物滞留设施的蓄水层深度应根据植物耐淹性能和土壤渗透性来确定，一般为200～300mm，并应设100mm的超高；换土层介质类型及深度应满足出水水质要求，还应符合植物种植及园林绿化养护管理技术要求；为防止换土层介质流失，换土层底部一般设置透水土工布隔离层，也可采用厚度不小于100mm的砂层（细砂和粗砂）代替；砾石层起到排水作用，厚度一般为250～300mm，可在其底部埋置管径为100～150mm的穿孔排水管，砾石应洗净且粒径不小于穿孔管的开孔孔径；为提高生物滞留设施的调蓄作用，在穿孔管底部可增设一定厚度的砾石调蓄层（见图6.6）。

（2）适用性：生物滞留设施主要适用于建筑与小区内建筑、道路及停车场的周边绿地以及城市道路绿化带等城市绿地内。对于径流污染严重、设施底部渗透面距离季节性最高地下水位或岩石层小于1m及距离建筑物基础小于3m（水平距离）的区域，可采用底部防渗的复杂型生物滞留设施。

（3）优缺点：生物滞留设施形式多样、适用区域广、易与景观结合，径流控制效果好，建设费用与维护费用较低；但地下水位与岩石层较高、土壤渗透性能差、地形较陡的地区，应采取必要的换土、防渗、设置阶梯等措施，避免次生灾害的发生，增加建设费用。

6.5 绿色屋顶

绿色屋顶是指在建筑屋顶或平台上营造的一种景观屋顶形式（见图6.7和图6.8），它主要由植物、生长基质及相配套的排蓄、防水系统构成，兼具蓄水、滤水、绿化和观赏的功能，在减轻城市雨水压力、改善周边环境质量及优化建筑使用功能等方面能够产生积极的作用。

根据栽培基质深度和景观复杂程度，可将绿色屋顶分为以下两种类型：

（1）浅层绿色屋顶。具有较浅的植物栽培基质，用低矮、浅根、耐旱的景观类等多年生植物材料，配量相对简单的植物景观形式。可以设置用于绿色屋

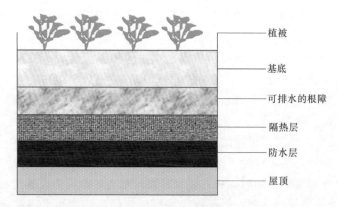

植被

基底

可排水的根障

隔热层

防水层

屋顶

图 6.7　绿色屋顶结构

图 6.8　绿色屋顶效果图（贵安新区）

顶维护的简单道路系统，一般不在屋顶设计复杂的场地功能。

（2）深层绿色屋顶。具有较深厚的植物栽培基质，能够应用草本植物、花灌木及小乔木等丰富的植物材料，形成复杂多样的植物景观形式，可以设置舒适方便的道路系统和多样的场地功能。

适用性：绿色屋顶适用于符合屋顶荷载、防水等条件的平屋顶建筑和坡度不大于 15°的坡屋顶建筑。

绿色屋顶可以调蓄雨水、调节温湿环境、节能减排、净化空气、降低噪声，为人群活动提供舒适的绿色空间，为生物提供栖息地。

绿色屋顶的应用可为城市发展提供多方面效益：

（1）滞留、净化雨水。绿色屋顶可以滞蓄雨水、改变雨水径流量、减轻城市管道负担、缓解城市内涝压力，并且通过植物和土壤对雨水进行吸收净化。

（2）净化空气。它能有效吸收城市上空的 CO_2、SO_2、NO 及浮粒物等，提高空气质量，还能在一定程度上缓解热岛效应，隔绝噪声。

（3）节能环保。它与建筑物有机共生，形成天然的绿色屏障，延长建筑物的使用寿命；其隔热效应降低建筑物对制热、制冷的需求，有效减少外界噪声干扰。

6.6　植草沟

植草沟指种有植被的地表沟渠，可收集、输送和排放雨水径流，并具有一定的雨水净化作用，可用于衔接其他单项设施、城市雨水管渠系统和超标雨水径流排放系统（见图 6.9 和图 6.10）。除转输型植草沟外，还包括渗透型的干式植草沟及常有水的湿式植草沟，可分别提高径流总量和径流污染控制效果。

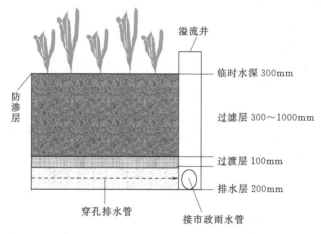

图 6.9　植草沟结构图

图 6.10　植草沟效果图（贵安新区）

（1）植草沟应满足以下要求：

1）浅沟断面形式宜采用倒抛物线形、三角形或梯形。

2）植草沟的边坡坡度（垂直：水平）不宜大于1：3，纵坡不应大于4%。纵坡较大时，宜设置为阶梯形植草沟或在中途设置消能台坎。

3）植草沟最大流速应小于0.8m/s，曼宁系数宜为0.2～0.3。

4）转输型植草沟内植被高度宜控制在100～200mm之间。

（2）适用性：植草沟适用于建筑与小区内道路、广场、停车场等不透水面的周边、城市道路及城市绿地等区域，也可作为生物滞留设施、湿塘等低影响开发设施的预处理设施。植草沟也可与雨水管渠联合应用，在不影响安全的情况下也可代替雨水管渠。

（3）优缺点：植草沟具有建设及维护费用低、易与景观结合的优点，但在已建城区及开发强度较大的新建城区易受场地条件制约。

6.7 雨水湿地

雨水湿地利用物理、水生植物及微生物等作用净化雨水，是一种高效的径流污染控制设施，雨水湿地分为雨水表流湿地和雨水潜流湿地两种，一般设计成防渗型以便维持雨水湿地植物所需的水量，雨水湿地常与湿塘合建并设计一定的调蓄容积。

雨水湿地与湿塘的构造相似，一般由进水口、前置塘、沼泽区、出水池、溢流出水口、护坡及驳岸、维护通道等构成。

（1）雨水湿地应满足以下要求：

1）进水口和溢流出水口应设置碎石、消能坎等消能设施，防止水流冲刷和侵蚀。

2）雨水湿地应设置前置塘对径流雨水进行预处理。

3）沼泽区包括浅沼泽区和深沼泽区，是雨水湿地主要的净化区，其中浅沼泽区水深范围一般为0～0.3m，深沼泽区水深范围一般为0.3～0.5m，根据水深不同，种植不同类型的水生植物。

4）雨水湿地的调节容积应在24小时内排空。

5）出水池主要起防止沉淀物的再悬浮和降低温度的作用，水深一般为0.8～1.2m，出水池容积约为总容积（不含调节容积）的10%。

雨水湿地典型构造如图6.11所示。

（2）适用性：雨水湿地适用于具有一定空间条件的建筑与小区、城市道路、城市绿地、滨水带等区域。

（3）优缺点：雨水湿地可有效削减污染物，并具有一定的径流总量和峰值

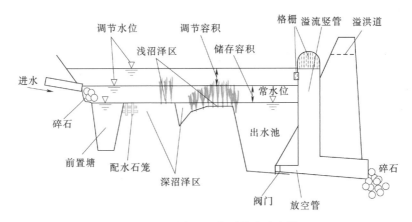

图 6.11 雨水湿地典型构造示意图

流量控制效果，但建设及维护费用较高。

6.8 渗透塘

渗透塘是一种用于雨水下渗补充地下水的洼地，具有一定的净化雨水和削减峰值流量的作用。

（1）渗透塘应满足以下要求：

1）渗透塘前应设置沉沙池、前置塘等预处理设施，去除大颗粒的污染物并减缓流速；有降雪的城市，应采取弃流、排盐等措施防止融雪剂侵害植物。

2）渗透塘边坡坡度（垂直：水平）一般不大于 1:3，塘底至溢流水位一般不小于 0.6m。

3）渗透塘底部构造一般为 200～300mm 的种植土、透水土工布及 300～500mm 的过滤介质层。

4）渗透塘排空时间不应大于 24 小时。

5）渗透塘应设溢流设施，并与城市雨水管渠系统和超标雨水径流排放系统衔接，渗透塘外围应设安全防护措施和警示牌。

渗透塘典型构造如图 6.12 所示。

（2）适用性：渗透塘适用于汇水面积较大（大于 1hm²）且具有一定空间条件的区域，但应用于径流污染严重、设施底部渗透面距离季节性最高地下水位或岩石层小于 1m 及距离建筑物基础小于 3m（水平距离）的区域时，应采取必要的措施防止发生次生灾害。

（3）优缺点：渗透塘可有效补充地下水、削减峰值流量，建设费用较低，但对场地条件要求较严格，对后期维护管理要求较高。

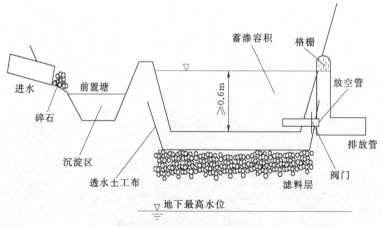

图 6.12 渗透塘典型构造图

6.9 湿塘

湿塘指具有雨水调蓄和净化功能的景观水体，雨水同时作为其主要的补水水源。湿塘有时可结合绿地、开放空间等场地条件设计为多功能调蓄水体，发挥休闲、娱乐功能，暴雨发生时发挥调蓄功能，实现土地资源的多功能利用。

湿塘一般由进水口、前置塘、主塘、溢流出水口、护坡及驳岸、维护通道等构成。

（1）湿塘应满足以下要求：

1）进水口和溢流出水口应设置碎石、消能坎等消能设施，防止水流冲刷和侵蚀。

2）前置塘为湿塘的预处理设施，起到沉淀径流中大颗粒污染物的作用；池底一般为混凝土或块石结构，便于清淤；前置塘应设置清淤通道及防护设施，驳岸形式宜为生态软驳岸，边坡坡度（垂直∶水平）一般为 1∶2～1∶8；前置塘沉泥区容积应根据清淤周期和径流雨水的污染物负荷确定。

3）主塘一般包括常水位以下的永久容积和储存容积，永久容积水深一般为 0.8～2.5m；储存容积一般根据所在区域相关规划提出的"单位面积控制容积"确定；具有峰值流量削减功能的湿塘还包括调节容积，调节容积应在 24～48 小时内排空；主塘与前置塘间宜设置水生植物种植区（雨水湿地），主塘驳岸宜为生态软驳岸，边坡坡度（垂直∶水平）不宜大于 1∶6。

4）溢流出水口包括溢流竖管和溢洪道，排水能力应根据下游雨水管渠或超标雨水径流排放系统的排水能力确定。

5）湿塘应设置护栏、警示牌等安全防护与警示措施。

湿塘的典型构造如图 6.13 所示。

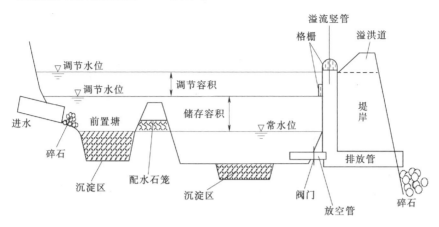

图 6.13　湿塘的典型构造图

（2）适用性：湿塘适用于建筑与小区、城市绿地、广场等具有空间条件的场地。

（3）优缺点：湿塘可有效削减较大区域的径流总量、径流污染和峰值流量，是城市内涝防治系统的重要组成部分；但对场地条件要求较严格，建设和维护费用高。

6.10　渗管/渠

渗管/渠指具有渗透功能的雨水管/渠，可采用穿孔塑料管、无砂混凝土管/渠和砾（碎）石等材料。

（1）渗管/渠应满足以下要求：

1）渗管/渠应设置植草沟、沉淀（沙）池等预处理设施。

2）渗管/渠开孔率应控制在 1% ~ 3%，无砂混凝土管的孔隙率应大于 20%。

3）渗管/渠的敷设坡度应满足排水的要求。

4）渗管/渠四周应填充砾石或其他多孔材料，砾石层外包透水土工布，土工布搭接宽度不应少于 200mm。

5）渗管/渠设在行车路面下时，覆土深度应不小于 700mm。

渗管/渠典型构造如图 6.14 所示。

（2）适用性：渗管/渠适用于建筑与小区及公共绿地内转输流量较小的区域，不适用于地下水位较高、径流污染严重及易出现结构塌陷等不宜进行雨水渗透的区域。

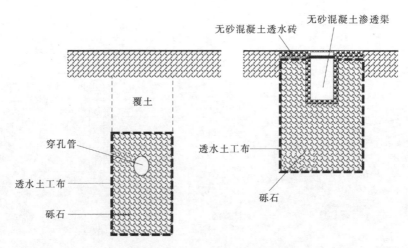

图 6.14　渗管/渠典型构造示意图

（3）优缺点：渗管/渠对场地空间要求小，但建设费用较高，易堵塞，维护较困难。

6.11　雨水桶

雨水桶也称雨水罐，为地上或地下封闭式的简易雨水集蓄利用设施，可用塑料、玻璃钢或金属等材料制成。其效果图如图 6.15 所示。

图 6.15　雨水桶效果图

适用性：适用于单体建筑屋面雨水的收集利用。

优缺点：雨水罐多为成型产品，施工安装方便，便于维护，但其储存容积较小，雨水净化能力有限。

贵安新区雨洪控制措施研究

7.1 贵安新区海绵城市规划

7.1.1 全国海绵城市规划情况

我国城市雨水控制技术起步于 20 世纪 80 年代，初期主要集中在雨水利用，近年来雨水控制技术重心逐渐转向雨洪调控及污染控制。《国务院关于加强城市基础设施建设的意见》（国发〔2013〕36 号）中明确提出，应建设下凹式绿地及城市湿地公园，提升城市绿地汇聚雨水、蓄洪排涝、补充地下水、净化生态等功能。但目前关于海绵城市技术的实践主要通过湿地、潜流湿地等手段进行局部雨水收集和水体净化，缺乏明确的整体规划和系统性设计。住建部于 2014 年发布了《海绵城市建设技术指南——低影响开发雨水系统构建（试行）》，从目标、指标、过程、手段、管理方面系统性给出建设指南，对我国海绵城市的建设起到了指引作用。自 2015 年起，海绵城市试点建设规模不断扩大。

北京市顺义区某住宅区占地 2.34km²，利用多功能调蓄水体（景观湖）、雨水湿地、植草沟、雨水花园、初期雨水弃流设施等低影响开发设施，进行径流雨水渗透、储存、传输与截污净化，大大提高了小区内涝防治能力；深圳市光明新区公园道路、停车场、公共广场均采用透水铺装，部分建筑屋顶采用绿色屋顶，不仅美观，而且可以有效削减径流雨水，对城市内涝灾害防控和径流污染控制具有积极作用。上海世博城市最佳实践区位于世博园区浦西部分，占地面积 0.17km²，采用雨水收集及回用系统、透水砖铺装下渗、雨水花园、绿色屋顶、渗透塘、渗井等低影响开发设施，成功展示了一个微缩版的成都活水公园案例。乌鲁木齐经济技术开发区某道路全长 0.84km，道路断面宽50m，将道路两侧 5m 宽绿化带建设为生物滞留带，低于路面 0.15m，采用道路立缘石豁口的方式将机动车道雨水径流引入绿化带，并设置过滤池，对路面初期雨水进行截污，人和非机动车混行道雨水径流直接进入绿化带。

7.1.2 贵安新区中心区规划情况

贵安新区中心区雨水利用模式分为雨水集蓄利用（直接）和雨水渗透利用（间接）两种模式。雨水渗透利用和储存利用都对城市雨水进行了有效拦截，减少了雨水的外排量。雨水综合利用有利于雨洪削减的雨水集蓄利用，有利于控制城市雨洪携带污染物导致的面源污染，并且减小洪峰流量，缓解城市内涝。中心区各建筑用地采用以下低影响开发措施进行雨水的收集利用。

（1）居住用地雨水的收集利用。对于居住用地雨水的收集利用，可分为有调蓄水景小区和无调蓄水景小区。有调蓄水景小区一般面积较大，优先利用水景收集调蓄区域内雨水，同时兼顾雨水渗蓄利用及其他措施。无调蓄水景的住宅小区一般面积较小，如果以雨水径流削减及水质控制为主，可以根据地形划分为若干个汇水区域，将雨水通过植被浅沟导入雨水花园或下凹式绿地，进行处理、下渗，对于超标准雨水溢流排入市政管道。居民区屋顶最佳选择为绿色屋顶，将屋面及道路雨水收集汇入景观水体，并根据月平均降雨量、蒸发量、下渗量以及浇洒道路和绿化用水量来确定水体的体积，对于超标准雨水进行溢流排放。如果以雨水利用为主，可以将屋面雨水经弃流后导入雨水桶进行收集利用，道路及绿地雨水经处理后导入地下雨水池进行收集利用。

（2）公用及商业设施用地雨水的收集利用。对于公用及商业设施用地雨水的收集利用，降落在屋面的雨水经过初期弃流，可进入高位花坛和雨水桶，并溢流进入下凹式绿地，雨水桶中雨水作为就近绿化用水使用。降落在道路、广场等其他硬化地面的雨水，应利用可渗透铺装、下凹式绿地、渗透管沟、雨水花园等设施对径流进行净化、消纳，超标准雨水可就近排入雨水管道。在雨水口可设置截污挂篮、旋流沉沙等设施。经处理后的雨水一部分可下渗或排入雨水管，进行间接利用；另一部分可进入雨水池和景观水体进行调蓄、储存，经过滤消毒后集中配水，用于绿化灌溉、景观水体补水和道路浇洒等。

（3）道路雨水的收集利用。对于道路雨水的收集利用，在红线内布置下凹式绿地、植被浅沟等处理措施外，还应在红线外的公共绿地中设置形式多样的组合措施，如分散雨水花园、低势植被浅沟以及集中式的雨水湿地、塘等多功能调蓄设施来对道路进行处理，减少径流污染后排入河道，同时增加雨水下渗量形成"林相依路"景观。

传统雨水收集系统主要是通过雨水支管收集地表径流产生的雨水，输送至雨水干管，最后经过河道进行排泄，雨水并没有作为一种资源被城市利用。规划通过引入雨水措施系统，改变传统的雨水排放方式，雨水经过绿色屋顶、雨水花园、浅草沟、下凹式绿地等措施后再排入雨水管网，最后进入河流。

规划使用不同类型的雨水措施并进行组合，以达到更好的雨水处理和利用效果，做到雨水资源利用的最大化。

通过分析中心区域位置特点、土壤条件、地下水特征、地形地势等，规划使用不同类型的雨水措施并进行组合，以达到更好的雨水处理和利用效果，做到雨水资源利用的最大化。

贵安新区中心区海绵城市规划主要采取透水铺装、下凹式绿地等低影响开发措施，对雨水径流进行控制。中心区位于贵安生态新城，北起湖磊路，南至贵昆铁路，东起沪昆高速铁路，西至规划湖林支线，规划面积 43.3km²，用地规模为 38.74km²，中心区实现 80％ 的年径流总量控制率，需要新建下凹式绿地面积 4.93km²，占中心区用地规模的 12.73％，透水铺装面积 4.7km²，占中心区用地规模的 12.13％。

7.2　贵安生态文明创新园

7.2.1　贵安生态文明创新园概况

贵安生态文明创新园（以下简称"创新园"）选址位于贵安新区中心区（见图 7.1），规划用地约 0.07km²，西邻百马大道和月亮湖公园，南邻贵安新区临时行政中心，距离沪昆高铁贵安新区站约 3km，具有优越的自然山水条件和交通区位优势。贵安新区年平均相对湿度为 78％，年平均降雨量为 1129.5mm，雨量充沛。创新园中心谷地，原始地形为冲沟及梯田，地势起伏较大，是我国西南地区典型的浅丘地形。规划充分尊重原有地形，因地制宜，塑造"海绵城市示范区"。

创新园的重点是对雨水管理系统进行规划设计，综合运用"滞、蓄、渗、净、用、排"等多种策略，将园区打造成集滞蓄雨水、涵养水源、综合利用于一体的海绵城市示范区（见图 7.2），实现雨水的自然积蓄、自然渗透和自然净化等功能（王强，2015）。

研究区域为贵安生态文明创新园，面积为 0.025km²，研究区内设有一个雨量计和流量计，雨量计位置如图 7.3 和图 7.4 所示。

7.2.2　模型概化

根据创新园已建设的雨水管理措施，研究区选择下凹式绿地和透水铺装两种措施进行模拟。本次研究在面积为 0.025km² 的研究区内加入下凹式绿地和透水铺装等城市雨水控制措施，其中下凹式绿地面积为 0.006km²，占研究区

图 7.1 贵安生态文明创新园选址图
（底图来源于奥维地图）

图 7.2 贵安生态文明创新园实景图

图 7.3 流量计探头

图 7.4　生态园流量站位置

面积的 24％，透水铺装面积为 $0.003km^2$，占研究区面积的 12％（见图 7.5）。

图 7.5　加入城市雨水措施汇水区概化模型

以生态文明创新园为研究区域，由于该研究区已铺设好城市雨水措施以及有实测数据，对创新园雨水措施参数进行校准验证，最后将校准好的雨水措施参数应用到贵安新区示范区。

7.2.3　参数设置

处理子汇水面积内城市雨水管理措施，在子汇水面积内控制方式采取单一或组合形式配置雨水管理措施，取代子汇水区面积内等量非雨水管理措施的控制面积；在已选择雨水措施的情况下，需要对下凹式绿地和透水铺装两种措施的结构形式进行选择，进而确定每种措施的主要技术参数，添加 SWMM 模型的 LID 模块。主要技术参数参考 SWMM 模型用户手册、国内外工程实践和相关文献进行选取，在其标准范围内进行参数赋值，直至模拟结果误差符合国家标准。经过多次模型模拟，最终确定各类型雨水措施参数，见表 7.1。

表 7.1　　　　研究区下凹式绿地、透水铺装主要技术参数表

项目	属性参数	下凹式绿地	透水铺装
表面层	蓄水深度/mm	200	0
	植被容积分数	0.2	0
	表面粗糙系数	0.2	0.012
	表面坡度/%	1.14	0.5
路面层	厚度/mm		110
	孔隙率		0.23
	连续不透水面积比/%		0
	渗透速率/(mm/h)		360
	堵塞因子		0
土壤层	厚度/mm	300	
	孔隙率	0.464	
	田间持水率	0.31	
	枯萎点	0.187	
	导水率/(mm/h)	4.73	
	导水坡度/%	30	
	吸水水头/mm	210	
蓄水层	厚度/mm	350	230
	孔隙比	0.5	0.2
	渗透速率/(mm/h)	250	250
	堵塞因子	0	0

7.2.4　模拟结果

选取 2018 年 4 月 1 日、2018 年 6 月 20 日、2018 年 9 月 18 日 3 场降雨对研究区的实测径流与模拟径流进行水文效应模拟（见图 7.6～图 7.8）。

通过对模型参数的调整，使两场实测降雨对应的模拟流量过程和实测流量过程的 Nash 效率系数均大于 0.8，其他各误差分析均符合国家标准。校准误差见表 7.2。

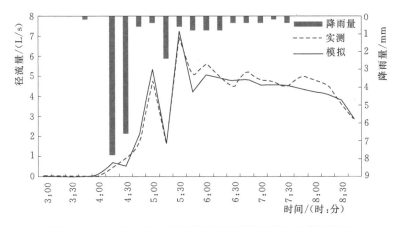

图 7.6　2018 年 4 月 1 日实测径流与模拟径流水文模拟结果

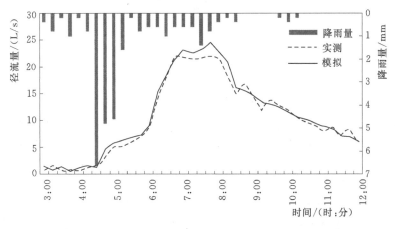

图 7.7　2018 年 6 月 20 日实测径流与模拟径流水文模拟结果

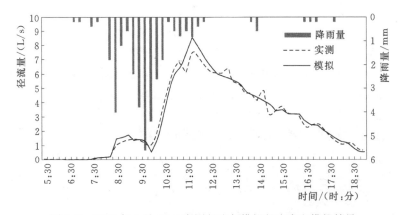

图 7.8　2018 年 9 月 18 日实测径流与模拟径流水文模拟结果

表 7.2　　　　　　　　　　　模型参数校准误差表

场次降雨	洪峰相对误差/%	洪量相对误差/%	Nash 效率系数	相关系数 R^2
2018 - 04 - 01	-2.34	-8.36	0.85	0.94
2018 - 06 - 20	-11.23	5.36	0.86	0.98
2018 - 09 - 18	-12.45	1.7	0.89	0.93

7.3　城市雨水管理措施单元选择

喀斯特地区的水文地质条件较为特殊，其海绵城市建设也不同于传统地区。根据贵安新区示范区的位置特点、水文气象、地形地貌、社会状况和各种雨水管理措施适用范围以及城市雨水管理措施遵循的三个原则：①尽量减少规划后研究区的地表不透水面积，补充喀斯特地区地下水；②尽量保持天然条件下的水文循环；③充分利用下垫面的下渗能力来延缓径流时间、削减洪峰流量，减少建设措施对天然水文状态的破坏。

本书结合国内已有的雨水措施的应用经验，参考《城市用地分类与规划建设用地标准》（GB 50137—2001）和《贵安新区中心区海绵城市专项规划（2016）》以及已建成的贵安生态文明创新园所采用的雨水工程措施，并考虑喀斯特地区的地貌特征，选择三种城市雨水管理措施：绿色屋顶、下凹式绿地和透水铺装，利用城市暴雨洪涝模型来分析不同雨水管理措施雨水控制效果。

SWMM 模型中有两种处理子汇水区面积内低影响开发措施的控制方式：①在子汇水面积内采取单一或组合形式，配置低影响开发措施，取代子汇水区面积内等量非低影响开发措施的控制面积；②建立新的子汇水区，在其面积上采用单一的低影响开发措施。第一种控制方式无法明确子汇水区对低影响开发措施的服务区域，一般适用于较大区域的模拟，第二种控制方式能明确低影响开发措施处理降雨径流的路径，一般是用于小区域的模拟。

选择第一种控制方式，在各子汇水面积内对低影响开发措施进行组合，加入低影响开发措施后，子汇水面积的特征宽度、不透水率等属性需要调整，以弥补加入低影响开发措施所取代的原子汇水区面积。

7.4　低影响开发措施布置及参数设置

7.4.1　低影响开发措施布置

结合贵安新区示范区规划情况，遵循城市雨水措施布置原则和《贵安新区中心区海绵城市专项规划（2016）》中雨水措施的布置面积以及已建成的贵安生态文明创新园雨水措施的面积比例，提出以下三种城市雨水措施方案：

（1）下凹式绿地。下凹式绿地广泛应用于城市建筑与小区、道路、绿地和广场内。下凹式绿地在 SWMM 模型模拟中透水率为 100％，地表曼宁系数较大，最大渗透速率为饱和导水率。在研究区域内加入下凹式绿地，其中公共管理与公共服务用地、商业服务业设施用地、工业用地占 10％～25％，绿地与广场用地占 5％～15％，主要大道中心铺 10～15m 宽的下凹式绿地。其总面积为 2.13km²，占总面积的 12.85％。规划后加入下凹式绿地的汇水区概化模型如图 7.9 所示。

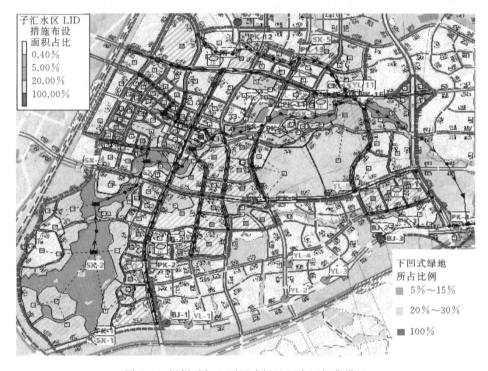

图 7.9　规划后加入下凹式绿地汇水区概化模型

（2）透水铺装。透水铺装主要适用于广场、停车场、人行道以及车流量和荷载较小的道路，如建筑与小区道路、市政道路的非机动车道等。透水铺装在 SWMM 模型中，主要表现为不透水区域所占比例的变化以及下渗率的调整。在研究区域内加入透水铺装，其中居住用地、公共管理与公共服务用地、商业服务业设施用地、工业用地占 5％～20％，绿地与广场用地占 30％～50％，总面积合计为 2.01km²，占总面积的 12.08％。规划后加入透水铺装的汇水区概化模型如图 7.10 所示。

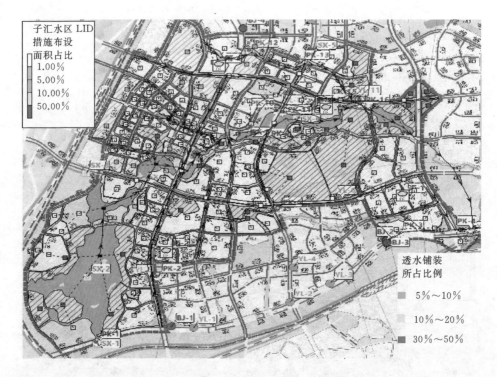

图 7.10　规划后加入透水铺装汇水区概化模型

（3）绿色屋顶。绿色屋顶主要应用于具备屋顶荷载、防水等条件的平屋顶建筑和坡度不大于 15°的坡屋顶建筑，一般适用于公共建筑物和居民小区等，绿色屋顶在 SWMM 模型中，表现为子汇水区域内不透水面积中屋顶面积的转化，模型中绿色屋顶一般被概化为具有一定地表积水、粗糙系数较高的不透水面积，具有延缓峰值、截留雨水的水文效应。本次分析只在居住用地加入绿色屋顶，总面积为 1.44km²，占总面积的 8.87%。规划后加入绿色屋顶的汇水区概化模型如图 7.11 所示。

7.4.2　低影响开发措施参数设置

根据低影响开发措施的特点，选取的低影响开发措施包括下凹式绿地、透水铺装和绿色屋顶。参考 SWMM 模型手册提供的参数建议值、《贵安新区中心区海绵城市专项规划（2016）》中参数的范围值以及查阅相关文献，确定下凹式绿地、透水铺装和绿色屋顶的各项参数，具体参数值见表 7.3，加入低影响开发措施后，除子汇水区的不透水率和特征宽度等参数外，其他参数保持不变，部分子汇水区的不透水率和特征宽度见表 7.4。

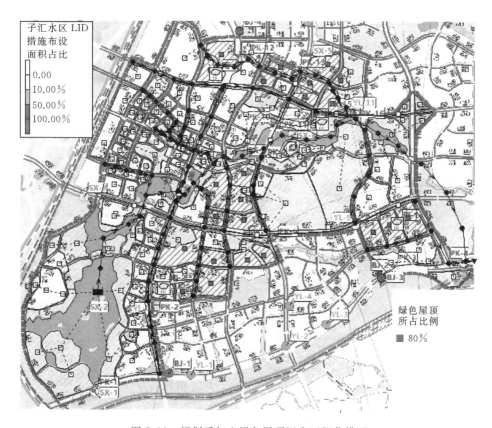

图 7.11　规划后加入绿色屋顶汇水区概化模型

表 7.3　　　　　　　　低影响开发措施相关参数取值

项目	属性参数	下凹式绿地	透水铺装	绿色屋顶
表面层	护堤高度/mm	200	0	100
	植被容积分数	0.2	0	0.2
	表面粗糙系数	0.2	0.012	0.2
	表面坡度/%	3	3	0
路面层	厚度/mm		110	
	孔隙率		0.15	
	连续不透水面积比/%		0	
	渗透速率/(mm/h)		360	
	堵塞因子		0	
土壤层	厚度/mm	100		100
	孔隙率	0.464		0.464

续表

项目	属性参数	下凹式绿地	透水铺装	绿色屋顶
土壤层	田间持水率	0.31		0.31
	枯萎点	0.187		0.187
	导水率/(mm/h)	1		1
	导水坡度/%	30		30
	吸水水头/mm	210		210
蓄水层	厚度/mm	350	230	100
	孔隙比	0.5	0.2	0.5
	渗透速率/(mm/h)	250	250	250
	堵塞因子	0	0	0

表 7.4 　　　　　　　　布置后部分子汇水区不透水率机特征宽度

子汇水区编号	布置后不透水率/%	布置后特征宽度/m	子汇水区编号	布置后不透水率/%	布置后特征宽度/m
1	60	390.46	9	72	304.32
2	60	156.46	10	68	211
3	8	173.21	11	68	415.22
4	60	150	12	3	320.55
5.	58	161.46	13	5	372.96
6	60	132.02	14	8	252.49
7	60	141.14	15	40	162.79
8	68	161.74	16	8	33.62

7.5　低影响开发措施情景设计

　　选择下凹式绿地、绿色屋顶和透水铺装三种低影响开发措施，根据单一和组合两种方式共设计了八种情景，具体见表7.5。

表 7.5 　　　　　　　　　低影响开发措施情景设计

情景编号	情 景 设 计
情景 1	下凹式绿地
情景 2	绿色屋顶
情景 3	渗透铺装
情景 4	下凹式绿地＋透水铺装

续表

情景编号	情　景　设　计
情景 5	下凹式绿地＋绿色屋顶
情景 6	透水铺装＋绿色屋顶
情景 7	下凹式绿地＋透水铺装＋绿色屋顶
情景 8	下凹式绿地＋透水铺装（无水利措施）

7.6　低影响开发措施单元水文效应

低影响开发措施的水文效应主要表现在削弱洪峰流量、延缓峰现时间以及减小地表径流系数等三个方面。采用长历时实测降雨和短历时设计降雨数据，分别对下凹式绿地、绿色屋顶和渗透铺装进行水文效应分析。

7.6.1　长历时实测降雨下低影响开发措施单元水文效应

选取 2017 年 9 月 6 日场次降雨（降雨量为 31.7mm）过程对低影响开发措施单元进行水文效应模拟（见表 7.6 和图 7.12～图 7.14）。

表 7.6　　长历时实测降雨下低影响开发措施单元水文模拟结果

情景	汇水特征	排　水　口　特　征		
	径流系数	洪峰流量/(m³/s)	峰现时间/(时：分)	径流系数
规划前	0.15	4.12	4：56	0.15
规划后	0.54	7.67	4：23	0.54
情景 1	0.38	4.58	4：33	0.38
情景 2	0.43	5.28	4：30	0.43
情景 3	0.46	5.82	4：38	0.46

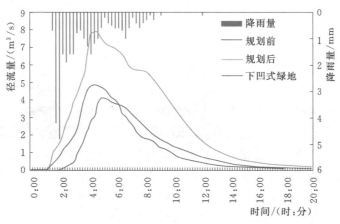

图 7.12　下凹式绿地单元水文模拟对比图

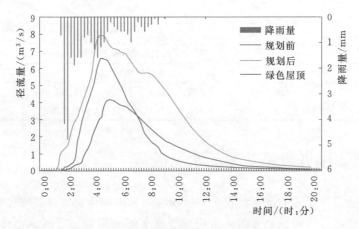

图 7.13　绿色屋顶单元水文模拟对比图

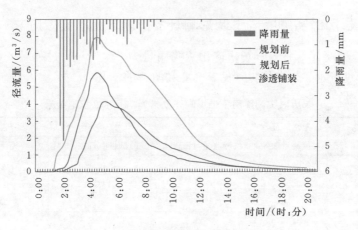

图 7.14　渗透铺装单元水文模拟对比图

下凹式绿地、绿色屋顶和透水铺装都能够在一定的程度上对雨水径流起到截留、储蓄作用，降低洪峰流量，延缓洪峰发生的时间，但各自又存在一定差异。其中，下凹式绿地和绿色屋顶的雨水控制效果相对较为明显。下凹式绿地、透水铺装和绿色屋顶在实测降雨下产生的差异性表现在：下凹式绿地的地表植被覆盖和低洼深度决定其雨水控制效果，下凹式绿地根据自身具有的空间来储存周围不透水面积的雨水，充分拦截积蓄地表径流，使研究区地表径流量减少，延缓峰现时间。因此在实测降雨过程中，下凹式绿地有利于降低洪峰流量和延缓峰现时间；绿色屋顶主要在房屋屋顶上种植绿色植物，充分利用植物蒸散发和地表截留，在延缓峰现时间上作用突出；透水铺装主要使用渗透材料使雨水经过渗透材料下渗到土壤中或补充地下水，以减少地表径流量，但其在雨水控制能力上低于下凹式绿地对地表径流的削减。

7.6.2　短历时设计降雨下低影响开发措施单元水文效应

（1）下凹式绿地。选择不同重现期下的设计降雨，模拟规划前、规划后以及加入下凹式绿地的水文效应。模拟结果见表 7.7，短历时设计降雨下径流系数比较，如图 7.15 所示，洪峰流量比较，如图 7.16 所示。

表 7.7　　　　　　　　　　不同重现期下下凹式绿地水文效应比较

情　景		汇水区特征	排　水　口　特　征		
		径流系数	洪峰流量/(m³/s)	峰现时间/(时：分)	时间差/min
P＝0.5年	规划前	0.14	7.53	2：28	—
	规划后	0.47	14.85	1：50	38
	下凹式绿地	0.35	9.68	2：13	15
P＝1年	规划前	0.16	11.48	2：25	—
	规划后	0.53	22.75	1：58	23
	下凹式绿地	0.38	16.52	2：18	7
P＝2年	规划前	0.18	15.7	2：30	—
	规划后	0.58	32.82	2：01	23
	下凹式绿地	0.40	18.48	2：27	3
P＝10年	规划前	0.23	29.28	2：15	—
	规划后	0.65	51.23	1：50	25
	下凹式绿地	0.52	41.03	2：08	2
P＝50年	规划前	0.33	47.25	1：50	—
	规划后	0.70	72.23	1：40	10
	下凹式绿地	0.71	73.12	1：45	5

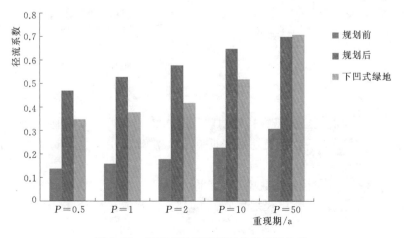

图 7.15　短历时设计降雨下径流系数比较

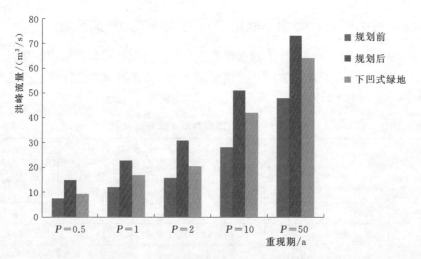

图 7.16　短历时设计降雨下洪峰流量比较

当 $P=0.5$ 年时（图 7.17），径流系数比规划前高出 0.21，洪峰流量增加 28.55%，时间提前 10min；径流系数比规划后降低 0.12，洪峰流量减少 34.81%，时间滞后 23min。

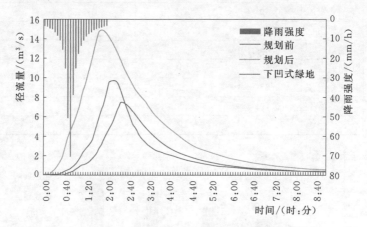

图 7.17　0.5 年一遇设计降雨下单元水文模拟对比图

当 $P=1$ 年时，径流系数比规划前高出 0.22，洪峰流量增加 43.39%，时间提前 7min；径流系数比规划后降低 0.15，洪峰流量减少 27.38%，时间滞后 20min（见图 7.18）。

当 $P=2$ 年时，径流系数比规划前高出 0.22，洪峰流量增加 24.17%，时间提前 3min；径流系数比规划后降低 0.18，洪峰流量减少 43.70%，时间滞后 26min（见图 7.19）。

当 $P=10$ 年时，径流系数比规划前高出 0.29，洪峰流量增加 40.13%，

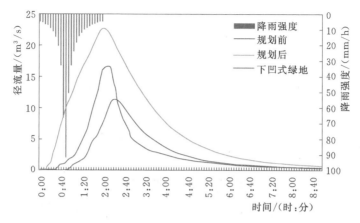

图 7.18　1 年一遇设计降雨下单元水文模拟对比图

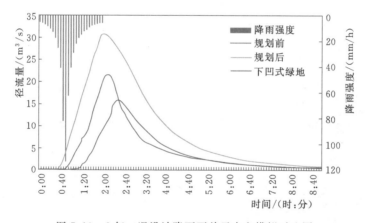

图 7.19　2 年一遇设计降雨下单元水文模拟对比图

时间提前 2min；径流系数比规划后降低 0.13，洪峰流量减少 19.91%，时间滞后 18min（见图 7.20）。

当 $P=50$ 年时，径流系数比规划前高出 0.38，洪峰流量增加 54.75%，时间提前 5min；径流系数比规划后高出 0.01，洪峰流量增加 1.23%，时间滞后 5min（见图 7.21）。

在短历时设计降雨情况下，研究区加入下凹式绿地后产生的水文效应具有一定的差异，当降雨量较小时，通过下凹式绿地可以充分发挥截留、入渗等功能，与此同时，对峰现时间先后和峰值流量的大小起到一定的控制作用。其中，当研究区重现期为 2 年一遇时，下凹式绿地对洪峰流量和地面径流的削减作用显著，但当重现期为 50 年（91.2mm）时，洪峰流量反而比研究区规划后有所增加，这因为下凹式绿地的凹槽对雨水的入渗已达到饱和状态，会出现

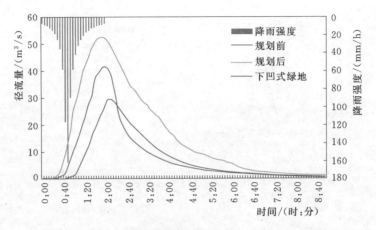

图 7.20 10 年一遇设计降雨下单元水文模拟对比图

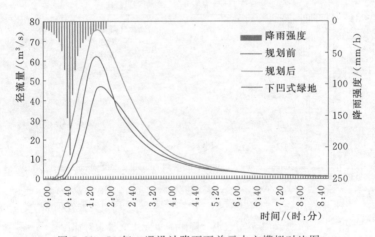

图 7.21 50 年一遇设计降雨下单元水文模拟对比图

一定的反渗透现象。

（2）透水铺装。选择不同重现期下的设计降雨模拟规划前、规划后以及加入透水铺装的水文效应进行比较（见表 7.8 和图 7.22、图 7.23）。

表 7.8 不同重现期下透水铺装水文效应比较

情 景		汇水区特征	排 水 口 特 征		
		径流系数	洪峰流量/(m³/s)	峰现时间/(时：分)	时间差/min
P=0.5 年	规划前	0.14	7.53	2：28	—
	规划后	0.47	14.85	1：50	38
	透水铺装	0.40	10.88	2：05	23

续表

情　景		汇水区特征	排水口特征		
		径流系数	洪峰流量/(m³/s)	峰现时间/(时：分)	时间差/min
P＝1年	规划前	0.16	11.48	2：25	—
	规划后	0.53	22.75	1：58	23
	透水铺装	0.45	17.02	2：10	15
P＝2年	规划前	0.18	15.7	2：30	—
	规划后	0.58	30.82	2：01	29
	透水铺装	0.48	23.58	2：08	22
P＝10年	规划前	0.23	29.28	2：15	—
	规划后	0.65	48.23	1：48	27
	透水铺装	0.52	34.38	2：06	9
P＝50年	规划前	0.31	47.25	1：50	—
	规划后	0.70	72.23	1：40	10
	透水铺装	0.68	65.6	1：43	7

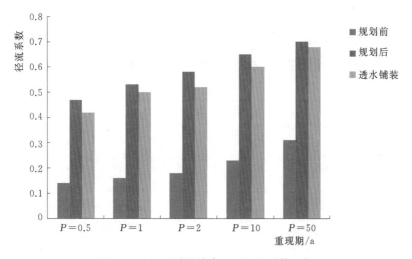

图 7.22　短历时设计降雨下径流系数比较

当 $P＝0.5$ 年时，径流系数比规划前高出 0.28，洪峰流量增加 44.48%，时间提前 23min；径流系数比规划后降低 0.07，洪峰流量减少 26.73%，时间滞后 15min（见图 7.24）。

当 $P＝1$ 年时，径流系数比规划前高出 0.30，洪峰流量增加 48.25%，时间提前 15min；径流系数比规划后降低 0.08，洪峰流量减少 25.19%，时间滞后 12min（见图 7.25）。

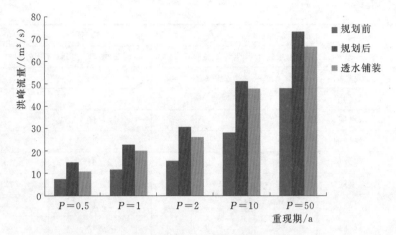

图 7.23 短历时设计降雨下洪峰流量比较

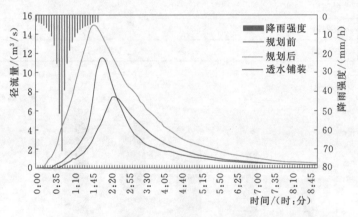

图 7.24 0.5年一遇设计降雨下单元水文模拟对比图

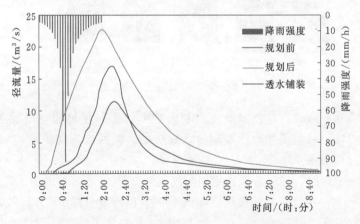

图 7.25 1年一遇设计降雨下单元水文模拟对比图

当 $P=2$ 年时，径流系数比规划前高出 0.29，洪峰流量增加 36.81%，时间提前 22min；径流系数比规划后降低 0.1，洪峰流量减少 23.49%，时间滞后 7min（见图 7.26）。

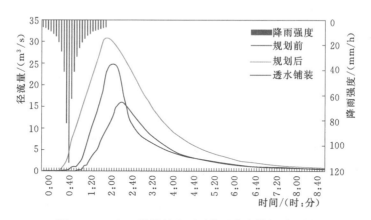

图 7.26　2 年一遇设计降雨下单元水文模拟对比图

当 $P=10$ 年时，径流系数比规划前高出 0.22，洪峰流量增加 31.08%，时间提前 17min；径流系数比规划后降低 0.13，洪峰流量减少 28.74%，时间滞后 18min（见图 7.27）。

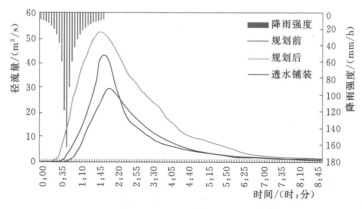

图 7.27　10 年一遇设计降雨下单元水文模拟对比图

当 $P=50$ 年时，径流系数比规划前高出 0.37，洪峰流量增加 38.83%，时间提前 7min；径流系数比规划后高出 0.02，洪峰流量减少 13.33%，时间滞后 3min（见图 7.28）。

结果显示，在短历时设计降雨情况下，研究区加入透水铺装后产生的水文效应主要体现在洪峰流量的削减，但对峰现时间的延缓作用并不明显。对于不

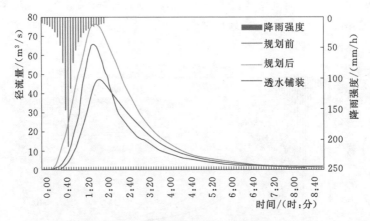

图 7.28　50 年一遇设计降雨下单元水文模拟对比图

同重现期下的降雨过程，透水铺装也存在着差异。$P=10$ 年降雨过程下，透水铺装的控制效果最佳。

（3）绿色屋顶。选择不同重现期下的设计降雨模拟规划前、规划后以及加入绿色屋顶的水文效应进行比较（见表 7.9、图 7.29 和图 7.30）。

表 7.9　　　　　　　　不同重现期下绿色屋顶水文效应比较

情　景		汇水区特征	排　水　口　特　征		
		径流系数	洪峰流量/（m³/s）	峰现时间/（时：分）	时间差/min
$P=0.5$ 年	规划前	0.14	7.53	2：28	—
	规划后	0.47	14.85	1：50	38
	绿色屋顶	0.40	11.48	2：13	15
$P=1$ 年	规划前	0.16	11.48	2：25	—
	规划后	0.53	22.75	1：58	23
	绿色屋顶	0.46	19.42	2：12	13
$P=2$ 年	规划前	0.18	15.7	2：30	—
	规划后	0.58	30.82	2：01	29
	绿色屋顶	0.49	26.14	2：25	5
$P=10$ 年	规划前	0.23	29.28	2：15	—
	规划后	0.65	51.23	1：48	27
	绿色屋顶	0.63	43.86	2：05	10
$P=50$ 年	规划前	0.31	47.25	1：50	—
	规划后	0.70	72.23	1：40	10
	绿色屋顶	0.69	64.58	1：42	8

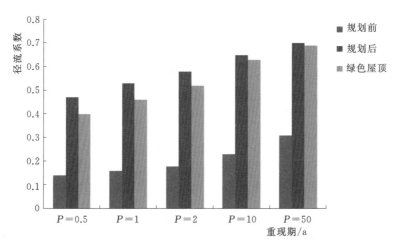

图 7.29 短历时设计降雨下径流系数比较

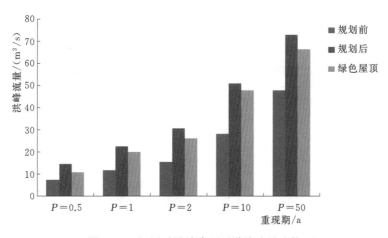

图 7.30 短历时设计降雨下洪峰流量比较

当 $P=0.5$ 年时，径流系数比规划前高出 0.26，洪峰流量增加 52.45%，时间提前 15min；径流系数比规划后降低 0.07，洪峰流量减少 22.69%，时间滞后 20min（见图 7.31）。

当 $P=1$ 年时，径流系数比规划前高出 0.30，洪峰流量增加 69.16%，时间提前 13min；径流系数比规划后降低 0.07，洪峰流量减少 14.65%，时间滞后 14min（见图 7.32）。

当 $P=2$ 年时，径流系数比规划前高出 0.31，洪峰流量增加 66.50%，时间提前 5min；径流系数比规划后降低 0.09，洪峰流量减少 15.18%，时间滞后 24min（见图 7.33）。

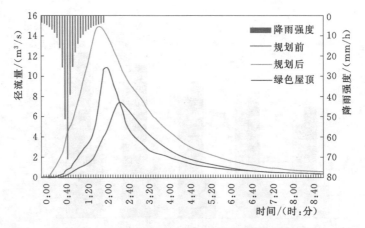

图 7.31　0.5 年一遇设计降雨下单元水文模拟对比图

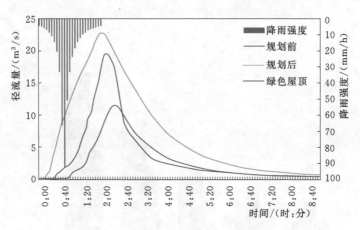

图 7.32　1 年一遇设计降雨下单元水文模拟对比图

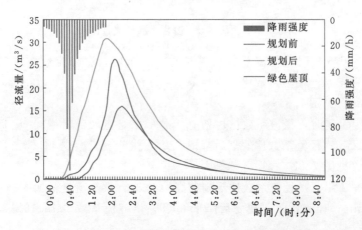

图 7.33　2 年一遇设计降雨下单元水文模拟对比图

当 $P=10$ 年时，径流系数比规划前高出 0.40，洪峰流量增加 49.80%，时间提前 10min；径流系数比规划后降低 0.02，洪峰流量减少 14.39%，时间滞后 17min（见图 7.34）。

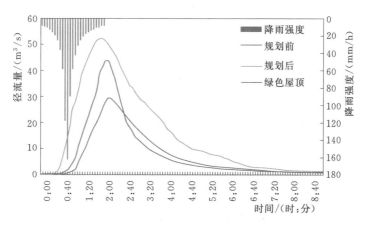

图 7.34　10 年一遇设计降雨下单元水文模拟对比图

当 $P=50$ 年时，径流系数比规划前高出 0.38，洪峰流量增加 36.68%，时间提前 8min；径流系数比规划后高出 0.01，洪峰流量减少 10.59%，时间滞后 2min（见图 7.35）。

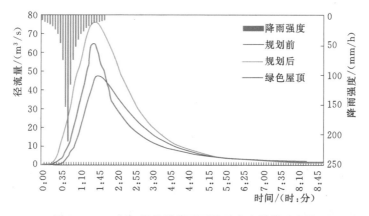

图 7.35　50 年一遇设计降雨下单元水文模拟对比图

结果显示，在短历时设计降雨情况下，研究区加入绿色屋顶后产生的水文效应主要体现在延缓洪峰流量出现的时间以及在一定程度上对地表径流起截留作用，但对径流总量的控制效果并不明显，$P=2$ 年时，绿色屋顶对峰现时间的延迟最为明显，在不考虑经济因素的情况下，绿色屋顶覆盖率越高，其水文效应越明显。

7.6.3　低影响开发措施单元效果对比

（1）下凹式绿地、透水铺装和绿色屋顶三者都能够在一定的程度上对降雨径流起到截留作用，削减洪峰流量，推迟峰现时间，但三者在不同重现期下的水文效应存在着一定的差异。

（2）下凹式绿地凹槽里的土壤相对疏松，降雨径流下渗率较大，其入渗作用使研究区地表径流减少，峰现时间延缓。结果表明，重现期为2年一遇情景下发挥效果最为明显，在实际应用中，下凹式绿地的规格可根据设定暴雨强度来设计。

（3）透水铺装主要作用是增加地表透水面积，使降雨径流入渗量增大，但是滞流作用差，因此在使用透水铺装措施时，可减少地表径流，降低洪峰流量，但延缓峰现时间的效果不如其他低影响开发措施。

（4）绿色屋顶主要是在房屋屋顶上加入绿色植物，增加地表洼蓄径流量，并且绿色植物的截留作用使径流量减少，绿色屋顶在降雨量小的情况下作用并不明显，在中等降雨过程下能够发挥重要的作用。

7.7　低影响开发措施组合控制效果

7.7.1　低影响开发措施组合情景设计

单一的低影响开发措施虽然能够对降雨径流起到一定的控制作用，但不能完全达到径流削减要求，因此，有必要对低影响开发措施组合产生的雨水控制效果进行分析。

7.7.2　低影响开发措施组合水文效应分析

选择长历时实测降雨和短历时设计降雨过程，分别对低影响开发措施组合进行水文效应模拟和分析，其中长历时实测降雨数据采用2017年9月6日场次降雨数据，短历时设计降雨数据为2小时不同重现期设计降雨。

7.7.2.1　长历时实测降雨下低影响开发措施组合水文效应

表7.10和图7.36～图7.39展示了长历时实测降雨过程下低影响开发措施组合模拟的水文过程，得出下凹式绿地＋透水铺装＋绿色屋顶组合对降雨径流过程的控制效果最为明显。结果对比可知：下凹式绿地＋透水铺装＋绿色屋顶组合模拟结果更趋近于研究区规划前的模拟结果，洪峰流量甚至低于规划前；下凹式绿地＋透水铺装组合对峰现时间的延缓作用较为明显，但是洪峰流量高于其他组合，其原因是整个研究区的不透水面积占比较大，导致洪峰流量稍高；绿色屋顶的加入，使得居住区屋顶的不透水率减小，相应的绿化面积增

大，对雨水起到一定的阻截作用，进一步控制降雨过程所产生的径流量和汇流时间。综合考虑径流系数、排水口的峰现时间和峰值流量的控制效果，低影响开发措施组合排序结果为：下凹式绿地＋透水铺装＋绿色屋顶＞下凹式绿地＋透水铺装＞下凹式绿地＋绿色屋顶＞透水铺装＋绿色屋顶。

表 7.10　　　长历时实测降雨过程下低影响开发措施组合模拟结果

情景	汇水特征	排水口特征		
	径流系数	洪峰流量/(m³/s)	峰现时间/(时：分)	时间差/min
规划前	0.15	4.12	4：56	—
规划后	0.54	7.67	4：23	33
情景 4	0.32	4.38	4：45	11
情景 5	0.34	4.72	4：40	16
情景 6	0.37	4.92	4：35	21
情景 7	0.24	4.18	4：50	6

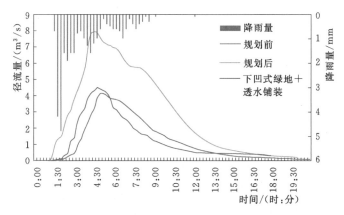

图 7.36　情景 4 水文模拟对比图

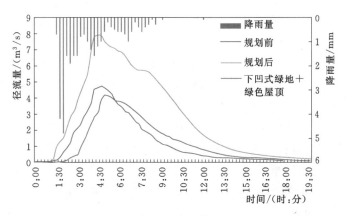

图 7.37　情景 5 水文模拟对比图

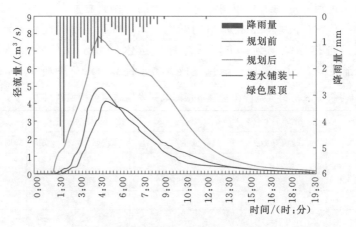

图 7.38　情景 6 水文模拟对比图

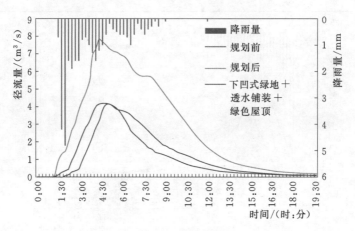

图 7.39　情景 7 水文模拟对比图

此外，选择长历时实测降雨过程，采用下凹式绿地＋透水铺装组合情景，考虑水利工程对示范区模拟结果的影响。由表 7.11 和图 7.40 可知，若不考虑水利工程的影响，出水口的峰值流量和峰现时间的变化较为明显，其中峰现时间提前较为突出，峰值流量增大，但研究区的径流系数变化较小，其中洪峰流量值增加 31％，峰现时间提前 17min，平均径流系数高出 0.01。研究表明：水利工程在城市建设中发挥着至关重要的作用。

7.7.2.2　短历时设计降雨下低影响开发措施组合水文效应

选择短历时不同重现期 0.5 年一遇、1 年一遇、2 年一遇、10 年一遇、50 年一遇情景下，对不同低影响开发措施组合进行模拟研究，结果分别见图 7.41～图 7.45 和表 7.12。

表 7.11　　　　　　长历时实测降雨过程下凹式绿地＋透水铺装组合

有无水利工程措施对比表

情景	汇水特征	排 水 口 特 征		
	径流系数	洪峰流量/(m³/s)	峰现时间/(时：分)	时间差/min
规划前	0.15	4.12	4：56	—
规划后	0.54	7.67	4：23	33
情景 4	0.32	4.38	4：45	11
情景 8	0.33	5.72	4：28	28

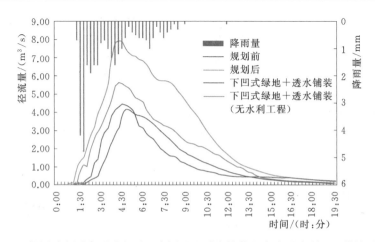

图 7.40　长历时实测降雨过程下凹式绿地＋透水铺装组合有无水利工程措施对比图

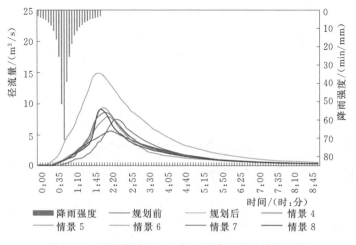

图 7.41　不同情景下 0.5 年一遇降雨径流模拟结果

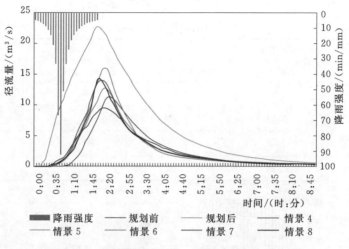

图 7.42　不同情景下 1 年一遇降雨径流模拟结果

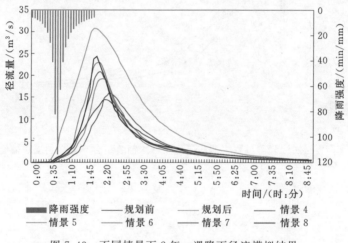

图 7.43　不同情景下 2 年一遇降雨径流模拟结果

当 $P=0.5$ 年时，低影响开发措施组合的水文效应都优于单一影响开发措施，情景 4 和组合 4 的地表径流、洪峰流量的削减程度以及峰现时间等方面产生的水文效应相似，洪峰流量和峰现时间的控制效果都为最优，径流系数存在较小的差异，其次为情景 5，最差为情景 6。因此，低影响开发措施组合综合排序结果为：情景 4、7＞情景 5＞情景 6；当 $P=1$ 年时，雨水控制的水文效应与 $P=0.5$ 年时相近，因此，低影响开发措施组合综合排序结果为：情景 4、7＞情景 5＞情景 6；当 $P=2$ 年时，低影响开发措施组合的水文效应都优于单一影响开发措施，情景 7 在径流削减和峰现时间推迟上的控制效果较突出，在该降雨强度下，情景 5 中绿色屋顶的填洼作用使峰现时间延缓作用较为明显。

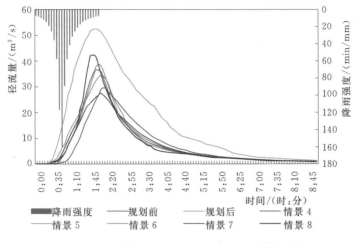

图 7.44　不同情景下 10 年一遇降雨径流模拟结果

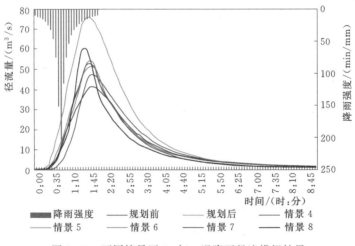

图 7.45　不同情景下 50 年一遇降雨径流模拟结果

因此，低影响开发措施组合的综合排序结果为：情景 7＞情景 5＞情景 4＞情景 6；当 $P=10$ 年时，情景 7 在径流和洪峰削减时间上的控制均优于其他组合，情景 5 和情景 6 由于绿色屋顶的雨水下渗能力有限，径流系数偏高，控制效果略低于情景 4。因此，低影响开发措施组合的综合排序结果为：情景 7＞情景 4＞情景 5＞情景 6；当 $P=50$ 年时，四种不同低影响开发措施组合的水文效应要优于单个低影响开发措施单元。情景 6 和情景 5 在该降雨强度下的水文效果并不突出，情景 4 对洪峰削减作用较为明显。因此，低影响开发措施组合综合排序结果为：情景 7＞情景 4＞情景 6＞情景 5。

表 7. 12　　　　　　不同重现期下低影响开发措施组合模拟结果

情　　景		汇水区特征	排 水 口 特 征		
		径流系数	洪峰流量/(m³/s)	峰现时间/(时：分)	时间差/min
P=0.5年	规划前	0.14	7.53	2：28	—
	规划后	0.47	14.85	1：50	38
	情景 4	0.31	7.82	2：16	12
	情景 5	0.34	8.52	2：13	15
	情景 6	0.37	9.3	2：10	18
	情景 7	0.24	5.42	2：22	6
	情景 8	0.32	9.2	2：00	28
P=1年	规划前	0.16	11.48	2：25	—
	规划后	0.53	22.75	1：58	23
	情景 4	0.36	12.52	2：14	11
	情景 5	0.40	13.89	2：11	14
	情景 6	0.43	15.92	2：09	16
	情景 7	0.29	9.42	2：20	5
	情景 8	0.37	14.89	2：05	20
P=2年	规划前	0.18	15.7	2：30	—
	规划后	0.58	30.82	2：01	29
	情景 4	0.41	18.78	2：18	12
	情景 5	0.43	19.82	2：15	15
	情景 6	0.46	22.85	2：10	20
	情景 7	0.32	14.32	2：19	11
	情景 8	0.40	24.58	2：05	25
P=10年	规划前	0.23	29.28	2：15	—
	规划后	0.65	51.23	1：48	27
	情景 4	0.46	34.12	2：07	8
	情景 5	0.52	36.08	2：04	11
	情景 6	0.54	38.76	2：03	12
	情景 7	0.36	27.12	2：10	5
	情景 8	0.44	42.38	1：55	20
P=50年	规划前	0.31	47.25	1：50	—
	规划后	0.70	75.3	1：40	10
	情景 4	0.52	51.13	1：45	5
	情景 5	0.55	52.87	1：46	4
	情景 6	0.57	54.1	1：46	4
	情景 7	0.40	40.89	1：42	8
	情景 8	0.50	62.46	1：40	0

7.8　低影响开发措施最优方案

7.8.1　水文效应最优方案

通过对不同降雨条件下低影响开发措施的模拟，可以得出不同低影响开发措施组合在不同降雨过程中所反映的雨水控制效果之间的差异，无论在何种降雨过程中，三种低影响开发措施组合效果均较为突出，符合低影响开发的理念，利用绿色植被在源头控制降雨，使降雨径流加快入渗，充分利用植被对雨水的截留作用。其中，下凹式绿地在低影响开发措施组合中发挥的作用最为突出，特别是对中低强度降雨都能够发挥其截留、入渗的效果，但单纯的下凹式绿地面积有限，地表不透水率比例仍较大，因此需要加入透水铺装或绿色屋顶增加透水地表面积，从而互补控制雨水效果。通过上述低影响开发措施在不同降雨条件下的水文效应对比，短历时不同重现期低影响开发措施组合的径流系数如图 7.46 所示，短历时不同重现期低影响开发措施组合的洪峰流量如图 7.47 所示，长历时实测降雨下低影响开发措施组合的径流系数和洪峰流量值如图 7.48 所示。不同降雨条件下低影响开发措施最优配置见表 7.13。

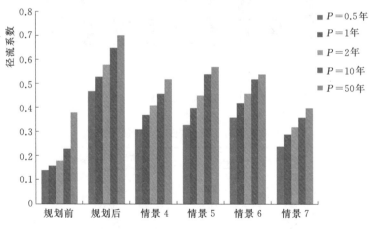

图 7.46　短历时不同重现期低影响开发措施组合径流系数值

7.8.2　低影响开发措施成本经济性分析

研究区规划后加入低影响开发措施，需要考虑经济因素。通常需要从工程造价、工程管理等层面分析不同低影响开发措施单元的费用，进而得出最经济的组合配置。低影响开发措施在前期的费用比传统技术费用高。例如，前期的

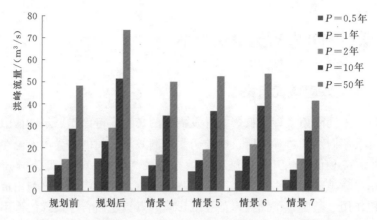

图 7.47　短历时不同重现期低影响开发措施组合洪峰流量值

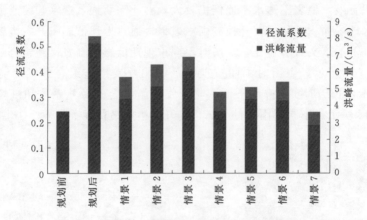

图 7.48　长历时实测降雨下低影响开发措施组合径流系数和洪峰流量值

表 7.13　　　　　　不同降雨条件下低影响开发措施最优配置

降　雨		低影响开发措施组合水文效应排序
实测降雨		情景 7＞情景 4＞情景 5＞情景 6
设计降雨	$P=0.5$ 年	情景 4、7＞情景 5＞情景 6
	$P=1$ 年	情景 4、7＞情景 5＞情景 6
	$P=2$ 年	情景 7＞情景 5＞情景 4＞情景 6
	$P=10$ 年	情景 7＞情景 4＞情景 6＞情景 5
	$P=50$ 年	情景 7＞情景 4＞情景 6＞情景 5

设施位置选择、绿色植物种植、铺装材料等，但从长远效益来看，低影响开发措施不仅会有效地控制雨洪，而且会带来一定的社会效益。

目前国内城市雨水措施单价信息较少，参考近些年我国部分地区实施的城市雨水措施建设项目取值。表 7.14 为城市雨水措施单项设施单价估算表，表 7.15 为城市雨水措施情景设计造价估算表。从表中可知，不同城市雨水措施情景设计造价费用很高，但是考虑到我国近些年城市暴雨所造成的人身安全、经济损失和管网改造或维修费用等存在着较大的优势。

表 7.14 低影响开发措施单项设施单价估算表

低影响开发措施	单位造价估算范围 /(元/m²)	建议值 /(元/m²)	单位造价增量估算值 /(元/m²)
下凹式绿地	40～50	40	20
透水铺装	60～200	120	60
绿色屋顶	100～300	120	120

表 7.15 低影响开发措施情景设计造价估算

	低影响开发措施设计面积/hm²		造价估算/万元
低影响开发措施单元	情景 1	213.31	8520
	情景 2	200.67	24120
	情景 3	165.36	19800
低影响开发措施组合	情景 4	413.98	28320
	情景 5	378.67	32640
	情景 6	366.03	43920
	情景 7	579.34	52440

选择长历时实测降雨下的低影响开发措施组合造价估算与径流系数关系，如图 7.49 所示。参考《雨水控制与利用工程设计规范》（DB11/685—2013），新开发区域外排径流系数不大于 0.4，通过图 7.49 可知情景 1、情景 4、情景 5、情景 6、情景 7 满足要求。其中，尽管情景 7 径流系数低于情景 4，但是减

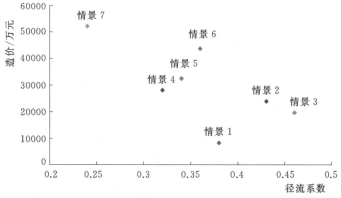

图 7.49 长历时实测降雨条件下低影响开发措施组合造价估算与径流系数关系

少量有限，而造价增长幅度过大。因此，情景 4 为径流系数与经济分析比选中的最佳选择。

综合分析造价估算与洪峰流量关系，如图 7.50 所示。由图 7.50 可知，在造价不高且相差不大的情况下，情景 4 对洪峰流量降低效果要优于下凹式绿地和渗透铺装。虽然情景 7 洪峰流量削减作用比情景 4 明显，但是造价是情景 4 的 1.62 倍，投资过高。因此在满足洪峰削减要求下，经济合理的选择是情景 4。

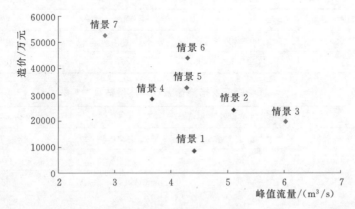

图 7.50　长历时实测降雨条件下低影响开发措施组合造价估算与洪峰流量关系

由图 7.49 和图 7.50 可知，绿色屋顶的造价较高，在削减洪峰流量和径流系数效果上，雨水控制效果不明显；下凹式绿地和绿色屋顶在洪峰流量削减上作用较明显，渗透铺装可减少地表径流量，降低洪峰流量，但在峰现时间的延后方面不如其他低影响开发措施效果明显。情景 4 中下凹式绿地和透水铺装形成优势互补，而且综合造价的增加又远低于加入绿色屋顶后的组合。综上所述，本次研究低影响开发措施最优配置为情景 4：下凹式绿地＋透水铺装。

7.9　评价指标构建

贵安新区是我国第一批海绵城市试点城市之一，针对贵安新区低影响开发技术应用研究发现，最优组合方案为情景 4：下凹式绿地＋透水铺装，并根据模拟分析结果对情景 4 的应用效果进行系统化、方法化的评价。雨水控制效果首先体现在对水文过程的控制效果上，研究区除考虑规划后加入低影响开发措施模拟外，还需要考虑相关措施的经济成本因素。通常需要从工程造价、工程管理等层面分析不同低影响开发措施单元的费用，进而得出最优组合配置。同时，海绵城市措施实施建成后，也会产生一定的社会效益、生态效益、经济效益。因此，评价指标构建用洪峰流量控制率、径流系数控制率、洪峰迟滞时间以及经济成本等指标进行定量评价；从社会效益、经济效益和生态效益等指标进行定性评价，见表7.16。

表7.16　　　　　　　　　　海绵城市建设效果评价指标

评　价　指　标		评价方法
水文效应评价指标	地表径流系数控制率	定量评价
	洪峰流量控制率	
	洪峰迟滞时间	
经济评价指标	经济成本与经济效益	
其他指标	社会效益	定性评价
	生态效益	

（1）水文效应评价指标。低影响开发措施下的水文效应评价指标主要分为地表径流系数控制率、洪峰流量控制率、洪峰迟滞时间三个指标。方法如下：

1）地表径流系数控制率：相同降雨条件下，与城市传统开发模式相比，低影响开发模式下地表径流系数的减少值与传统开发模式下地表径流系数的比值。径流系数控制率越大，雨洪调蓄效果越好。

$$\alpha_O = (\alpha_C - \alpha_S)/\alpha_C \times 100\% \tag{7.1}$$

式中：α_O 为地表径流系数控制率；α_C 为城市传统开发模式的径流系数；α_S 为低影响开发模式的径流系数。

2）洪峰流量控制率：相同降雨条件下，与城市传统开发模式相比，低影响开发模式下洪峰流量的减少值与传统开发模式下洪峰流量的比值。洪峰流量控制率越大，雨洪调蓄效果越好。

$$Q_P = (Q_C - Q_S)/Q_C \times 100\% \tag{7.2}$$

式中：Q_P 为洪峰流量控制率；Q_C 为城市传统开发模式的洪峰流量，m^3/s；Q_S 为低影响开发模式的洪峰流量，m^3/s。

3）洪峰迟滞时间：相同降雨条件下，与城市传统开发模式相比，低影响开发模式下峰现时间延缓。推迟时间越长，雨洪调蓄效果越好。

$$\Delta T = T_C - T_S \tag{7.3}$$

式中：ΔT 为洪峰迟滞时间，$\min$；T_C 为传统模式城市传统开发模式的峰现时刻；T_S 为低影响开发模式的峰现时刻。

（2）经济评价指标。经济评价指标是城市雨水措施情景设计的造价估算费用。由于目前国内城市雨水措施单价信息较少，参考近些年我国部分地区实施的城市雨水措施建设项目取值。因此，海绵城市雨水控制指标体系应结合实际需要以及规划目标，在优先考虑水文效应的条件下，进一步分析雨水控制的经济效益，综合评价雨水措施的可行性。

（3）其他指标。海绵城市的建设还能增加城市绿化，美化城市环境，提升城市品位。同时，也能带来相当的社会效益、生态效益。因此，综合分析海绵城市建设带来的其他效益用来评价雨水措施也是必要的。

7.9.1 洪峰流量控制率

洪峰流量是洪水的三要素之一。贵安新区在低影响开发措施最优配置方案条件下，长历时实测降雨洪峰流量控制率为43.89%；短历时设计降雨洪峰流量在不同重现期（0.5～50年）条件下为32.1%～47.89%，削减洪峰流量效果明显，且重现期越小，削峰效果越明显，见表7.17。

表 7.17 洪峰流量削减效果评价表

降 雨		洪峰流量控制率/%
长历时实测降雨		43.89
短历时设计降雨	$P=0.5$ 年	47.34
	$P=1$ 年	44.97
	$P=2$ 年	39.07
	$P=10$ 年	33.40
	$P=50$ 年	32.1

7.9.2 地表径流系数控制率

径流系数控制率能直观、综合地反应低影响开发措施的雨水调蓄效果，同时，情景4中包含透水铺装措施，属于海绵城市中的"渗"工程。雨水下渗的多少可以通过径流系数间接反映，因此选用径流系数控制率作为评价指标之一。经模拟分析得出：长历时实测降雨径流系数较传统开发规划后从0.54下降至0.32，径流系数控制率为40.74%；短历时设计降雨径流系数在不同重现期（0.5～50年）条件下径流系数控制率为25.71%～34.04%，雨水调蓄效果明显，且重现期越小，径流系数下降效果越明显，见表7.18。

表 7.18 径流系数下降效果评价表

降 雨		径流系数控制率/%
长历时实测降雨		40.74
短历时设计降雨	$P=0.5$ 年	34.04
	$P=1$ 年	32.08
	$P=2$ 年	29.31
	$P=10$ 年	29.23
	$P=50$ 年	25.71

7.9.3　洪峰迟滞时间

雨水径流通过绿地阻拦、逐步缓慢下渗，最终用于补充绿地的土壤含水量，实现降雨径流的吸收净化，同时减少绿地浇灌用水，达到削减降雨径流、延缓洪峰的目的。情景 4 中包含下凹式绿地这一低影响开发措施，属于海绵城市中的"滞"工程。因此，用洪峰迟滞时间作为评价指标之一。研究发现长历时实测降雨洪峰迟滞时间为 22min；短历时设计降雨径流系数在不同重现期（0.5～50 年）条件下洪峰迟滞时间为 5～26min，迟滞洪峰效果明显，且重现期越小，迟滞洪峰效果越明显，见表 7.19。

表 7.19　　　　　　　　　　洪峰迟滞效果评价表

降　　雨		洪峰迟滞时间/min
长历时实测降雨		22
短历时设计降雨	$P=0.5$ 年	26
	$P=1$ 年	16
	$P=2$ 年	17
	$P=10$ 年	19
	$P=50$ 年	5

7.9.4　经济成本

经济合理是研究技术转化应用的基本条件，根据低影响开发措施单位造价估算范围，对比分析低影响开发措施方案的造价投资，。与此同时，选择长历时实测降雨进行估算低影响开发组合措施造价与径流系数关系的分析，通过参考《雨水控制与利用工程设计规范》（DB11/685—2013）要求新开发区域外排径流系数不大于 0.4 的规定，分析得出：情景 1、情景 4、情景 5、情景 6、情景 7 满足要求。其中，尽管情景 7 径流系数低于情景 4，但减少量是有限的，且造价增长幅度过大。因此，情景 4 为径流系数与经济分析比选中的最佳选择。情景 4 的总设计面积为 413.98hm²，估算造价为 28320 元。

7.9.5　社会效益

通过海绵城市雨洪控制措施的建设，将有效增强贵安新区供水保障和防洪保障能力，改善人居环境健康水平，提升城市景观品位，促进传统文化的传承和发展，强化公民文明意识，实现良好的水生态文明城市建设。通过实施水资源配置工程，全面提升贵安新区水资源配置能力；通过实施防洪排涝安全保障工程，贵安新区防洪能力进一步提高，山洪灾害防治能力也相应提高，保障社会经济的安全和稳定发展。通过一系列措施的实施，整体提升贵安新区水环境质量，显著改善居民生活环境健康水平和环境满意度，节水、爱水、保水的先进水文化理念不断深入人心，形成人与自然和谐相处的良好氛围，为百姓营建生态健康、环境优美、文化丰富、生活舒适、社会和谐的美丽都市。

7.9.6 经济效益

海绵城市雨洪控制措施的建设除了具有公益性质的水生态效益和社会效益外，还将带来显著的经济拉动效益。通过调整产业结构和优化发展模式，带来区域整体经济效益提升；通过改善水环境条件，带来土地、智力资源以及投资环境升级的潜在价值。此外，海绵城市建设可以显著提升城市防洪排涝等安全保障级别和水环境总体状况，显著降低洪涝灾害、水污染事件以及可能造成的相关社会事件所带来的资金损失和风险成本。

通过海绵城市建设，形成对现有产业结构的倒逼机制，进一步推动贵安新区产业结构的优化升级，实现区域发展整体效益和效率的提升，水生态文明建设带来了更好的水环境条件和健康家居环境，由此将带动城市土地资源价值提升，有力吸引对区域高效、高清洁度发展具有重大贡献的优质智力资源，极大提高区域环境发展竞争力，进一步扩展和增强区域未来发展潜力和总体发展愿景，形成巨大的潜在经济效益。

7.9.7 生态效益

贵安新区海绵城市建设试点实施将有效推动全区水生态环境质量的整体改善。通过下凹式绿地、透水铺装等海绵技术措施实施建设，贵安新区水生态系统的健康状况在试点期将得到初步改善，水生态系统的功能完整性将得到有效恢复；将有效改善贵安新区的水域环境状况，适时耦合贵安新区水文化，结合自然景观，满足市民亲水需求，贯穿人水和谐的理念，滨湖步道、沿河景观交相辉映，为市民提供具有优美环境的休闲漫步、锻炼健身的空间场所，生态效益显著。

7.10 本章小结

本章在贵安新区示范区规划后的模型中加入城市雨水措施，选择长历时实测降雨和短历时设计降雨过程，分别对 8 种情景下雨水措施进行水文效应模拟和分析，结果表明：对于单一措施，下凹式绿地的入渗作用使研究区地表径流减少，峰现时间延缓；绿色屋顶主要体现在延缓峰现时间，以及在一定程度上对地表径流起截留作用，但对径流总量的控制效果并不明显；透水铺装主要作用表现为减少地表径流、降低洪峰流量，但延缓峰现时间效果不如其他低影响开发措施。下凹式绿地在低影响开发措施组合中发挥的作用最为突出，特别是对于中低强度降雨都能够发挥其截留、入渗的效果，但单纯的下凹式绿地面积有限，地表不透水的比例仍较大，因此需要加入透水铺装或绿色屋顶以增加透水地表的面积，从而互补控制雨水效果。在任何降雨过程中，三种低影响开发措施组合效果均比单一措施占优势，通过对贵安新区示范区布设的低影响开发措施的水文效应和经济性分析得出：低影响开发措施最优配置为情景4。同时，在最优配置的设计情景下，对削减洪峰流量、迟滞峰现时间、减少地表径流、低影响开发措施造价成本进行了定量评价，结果显示：海绵城市雨洪控制措施的建设对水文效应控制效果良好；对产生的社会效益、经济效益以及生态效益等方面进行了定性评价，论述了海绵城市建设产生的效益是综合且长期的，应该大力推进海绵城市建设工作。贵安新区属于喀斯特中等发育区，但其本身并不具有明显的喀斯特特征，因此，研究中还有很多不足之处，有待进一步研究论证。

8

结 论 与 展 望

8.1 结论

为防止城市内涝发生、增强城市防涝能力，国家越来越重视城市防洪规划设计，积极推进海绵城市建设工作。由于喀斯特地区的特殊性，加上水资源不合理的开发利用，以及城市化速度的不断加快，城市不透水面积增加，喀斯特地区城市内涝灾害频发。贵安新区是我国第八个国家级新区，同时又处于喀斯特中等发育区，在新区建设过程中，结合海绵城市的设计特点，降低城市内涝发生的风险，在这一过程中对于城市洪涝的防控就显得尤为重要。

本书以贵安新区海绵城市建设示范区为研究对象，根据研究区附近的气象站和水文站分析区域的降雨径流及暴雨洪涝变化特征，在实测降雨和设计降雨情况下，结合贵安新区的特点，建立 SWMM 模型，模拟研究区规划前后城市水文效应的变化，并在规划后设置多种低影响开发措施情景对雨水控制效果进行研究。研究结论如下：

（1）对贵州省各市级行政区 2000—2017 年降雨时间序列进行趋势和突变分析表明，贵州省降雨量整体呈下降趋势，降雨突变的年份为 2013 年前后；对贵州省各市级行政区 2000—2017 年径流量时间序列进行趋势和突变分析表明，贵州省径流量整体呈下降趋势，径流突变年份为 2013 年前后，与降雨突变年份相一致。贵州省多年平均径流系数为 0.5，暴雨主要集中在 4—9 月，其中 6 月最多。

（2）详细介绍了模型构建所需的基础数据处理、子汇水区划分、模型参数选取、参数灵敏度分析、参数校准与验证以及模拟情景设计等构建暴雨洪水模型的方法。基于贵安新区示范区的特点，建立规划前后 SWMM 模型，研究表明，贵安新区示范区规划后由于下垫面的改变，使地表不透水面积增加，这导致地表径流量增加、径流系数变大、峰现时间提前、洪峰流量增高。

（3）下凹式绿地、透水铺装和绿色屋顶都能在一定程度上缓解城市内涝，但三种措施产生的雨水控制效果又存在着差异性。下凹式绿地的入渗作用使研究区地表径流减少，峰现时间延缓；绿色屋顶主要体现在延缓峰现时间的效果比较明显，在一定程度上对地表径流起截留作用，但对径流总量的控制效果并不明显；透水铺装主要作用是减少地表径流、降低洪峰流量，但对延缓峰现时间效果不如其他措施。

（4）SWMM 模型中城市雨水管理措施模块可量化评价雨水管理措施组合在城市雨水及雨水资源化利用中的影响。雨水管理措施组合对降雨过程削减效果比较明显，其中下凹式绿地＋透水铺装组合措施对高频暴雨和低频暴雨的洪峰流量削减率高达 67.2％和 44.5％，大幅延缓了洪水峰现时间。

（5）通过在贵安新区设置不同的雨水管理措施组合并进行模拟分析，结果表明合理的雨水管理措施组合不仅可以有效削减研究区洪峰流量、径流总量、增加入渗量，而且可以在很大程度上降低海绵城市建设的成本。从雨水控制效果的水文效应和经济效益两方面综合分析得出，贵安新区示范区最优城市雨水管理措施布设情景为"下凹式绿地＋透水铺装"，可为贵安新区海绵城市建设和雨水资源化提供有效的技术支撑。

本研究是以低影响开发措施在雨水径流中的控制作用最大化为目标，对于其他地区，应结合具体情况进行具体分析，以更好实现水文效应配置最优，避免资源过度浪费。因此，在今后的城市化进程中应积极采用低影响开发措施，如采用绿色屋顶、渗透铺装和下凹式绿地组合的方式，同时应结合当地实际降雨状况进一步确定雨水措施规模等，充分做好城市雨水利用系统与其他系统之间的协调工作。

8.2　展望

本研究主要以贵安新区海绵城市建设示范区为例建立 SWMM 模型，并且运用雨水措施进行模拟分析，虽然取得了一定的研究成果，但由于各方面条件有限，研究仍然存在着不足之处：

（1）在分析贵州省降雨径流及暴雨洪涝变化特征时，采用市级行政区 18 年的年降雨径流资料，没有充分考虑研究区地域差异，在研究区的分析结果会有一定误差。研究区排水口近两年已建立实时监测站点，为以后分析研究区降雨径流及暴雨洪涝变化特征提供有力支撑。

（2）贵安新区示范区属于喀斯特地貌，由于研究区地下水资料的缺少以及研究区属于残丘谷地、地下水埋深 20～30m，因而不考虑含水层与地下水的相互转化，只考虑喀斯特地区下渗模型的选择。本书成果若应用到其他典型喀斯特地区，要根据资料考虑含水层与地下水的转化问题。

（3）本书中控制效果只在水量方面进行模拟研究，并未涉及水质方面的研究。无论是在城市防洪排涝方面，还是国家提出的"雨水自然净化"方面都涉及水质问题，因此在今后城市雨水措施研究中要将水量与水质两者结合起来，以便更好地发挥雨水控制作用，更合理地利用雨水资源。

8.3　模型特点及局限性

SWMM 模型由径流模块、输送模块、扩充输送模块和储存/处理模块共四个计算模块及服务模块组成。SWMM 的 4 个计算模块配合可对地表径流、排水管网以及污水处理单元等的水量水质进行动态模拟，服务模块则执行统计、计算等后处理功能。SWMM 模型模拟的核心是利用模型中的核心模块即径流模块、输送模块和储存/处理模块依次对城市排水中的地表径流、管网输送和污水处理进行模拟计算，最终得到区域内水量和水质的动态结果。SWMM 模型作为分布式模型在城市化区域的地表产汇流以及排水管网的管道输送过程模型构建等方面具有比较明显的优势。经实践经验总结，模型具有以下特点：

（1）模型的整体性好。模型集水文、水力、水质过程模拟于一体，模型界面开发完全，采用模块式结构组合，具有各自不同功能的模块，既可单独使用，又可共同使用，比较灵活，便于解决多目标的城市暴雨洪水模拟。

（2）模型的易用性、通用性强。SWMM 模型的要求相对较低，与模型相比较，数据比较容易收集。数据录入的时间间隔可以人为改变；输出的结果也可以是任意的整数步长；模拟的区域面积也可以灵活多变，没有具体的限制条件。在应用方面相对灵活，可针对自然排放系统、合流制与分流制排水管网进行水质水量的相关模拟与分析。

（3）模型的应用面广。与其他模型相比，既可以用于规划设计和模拟设计暴雨条件下的暴雨径流过程和水质过程，还可用于预报和管理实际暴雨条件的暴雨径流过程。在模拟具有复杂条件的下垫面时，可通过将流域离散成多个子流域，分别考虑各子流域的地表性质，并进行逐个模拟，方便地解决了产汇流不均匀的问题，为模型在大型城市的应用奠定了基础。模型不仅可以用于单次降雨事件的短期模拟，而且还具有连续多次模拟降雨的功能。可模拟几年乃至几十年降雨径流的连续过程，并统计分析出有关参数逐日、逐月的数值大小，进行频率分析，适用于城市规划设计工作。

SWMM 模型适用的土地类型非常广泛。既可适用于森林、住宅区、办公楼、草坪、道路、河流，也可模拟如平原地区包括公建区（如广场、科技公园、体育公园等）、居住区、工业区等，还可用于小面积、不透水面积比例大的商品房开发项目洪水评价研究。

SWMM 模型功能强大，自推出以来，在世界各地都获得了广泛的应用，为各地的雨水利用、水质分析等提供了可靠的技术支持，但仍存在局限性，主要体现在以下几个方面：

（1）水文过程物理规律不全面，没有蒸发模型。

（2）不是一个完整的城市雨水综合管理模型。没有沉积物运移或者侵蚀过程；不能模拟污染物在地表和排水管道中运移时的生化反应过程；不能用于地表以下的水质建模；仅能反映土地覆被类型面积比例的变化对地表径流和非点源污染的影响，不能反映土地利用格局变化的影响。

（3）缺乏地表地下耦合机理。缺乏地表径流与地下管网排水的数据交换，只能进行一维集总式流量运算，运算无法脱离推理的计算方法。

（4）对模型输入数据要求较高。当难以获取实时数据和大量基础数据时，模拟很难进行，影响模型对实际问题的解决。

（5）水动力模型功能有限，难以直接计算出淹没深度。

（6）与 GIS 系统、CAD 系统的交互性差。SWMM 模型利用图片进行交互，与 GIS 系统和 CAD 系统等应用越来越广泛的系统工具交互困难，给用户带来很大不便。

8.4 模型推广及应用展望

SWMM 模型具有整体性好、易用性、通用性强，适用面广等优点。但是在数据交互方面存在不足，在地理信息系统技术应用越来越广泛的背景下，SWMM 模型与 GIS 系统、CAD 系统交互性差的缺点逐渐显现出来，部分研究机构在 SWMM 基础模型的基础上开发出诸如 MIKE URBAN 模型、PC-SWMM 模型、XPSWMM 模型、InfoSWMM 模型、OTTSWMM 模型等，还有诸如 Infoworks CS 模型、MOUSE 模型等相应的软件，在交互性上均比 SWMM 模型强大。

但是对于大部分城市暴雨径流过程模拟、污染物输移模拟来说，SWMM 模型的性能已经足够满足研究及实践的需求。在既满足需求又节约成本的要求下，SWMM 模型的免费共享特性使之成为首选工具。

总之，SWMM 模型虽然有一定的局限性，但其整体性好、易用性、通用性强、适用面广以及免费共享等优势的支撑下，模型的应用将会越来越广泛。特别是在城市化发展速度加快、城市内涝风险加剧的情况下，各级政府、居民均对城市内涝问题高度重视，城市暴雨洪水模拟、污染物输移模拟的需求不断增加，SWMM 模型的推广应用具有广阔的前景。

参 考 文 献

[1] 白璐. 城市内涝问题的研究 [J]. 许昌学院学报, 2012, 31 (2): 124 - 126.

[2] 车伍, 闫攀, 赵杨, 等. 国际现代雨洪管理体系的发展及剖析 [J]. 中国给水排水, 2014, 30 (18): 45 - 51.

[3] 边易达. 基于 HEC - HMS 和 SWMM 的城市雨洪模拟 [D]. 济南: 山东大学, 2014.

[4] 曾重. 城市内涝成因与防治对策 [J]. 安阳工学院学报, 2013 (5): 53 - 55.

[5] 陈能志. 福建省城市内涝治理研究 [J]. 水利科技, 2012 (3): 1 - 4.

[6] 陈守珊. 城市化地区雨洪模拟及雨洪资源化利用研究 [D]. 南京: 河海大学, 2007.

[7] 陈鑫, 邓慧萍, 马细霞. 基于 SWMM 的城市排涝与排水体系重现期衔接关系研究 [J]. 给水排水, 2009, 35 (9): 114 - 117.

[8] 谢映霞. 从城市内涝灾害频发看排水规划的发展趋势 [J]. 城市规划, 2013, 37: 45 - 50.

[9] 程桂. 海绵城市水文水质过程模拟与关键技术研究——以宜兴市某试验区为例 [D]. 苏州: 苏州科技大学, 2017.

[10] 谢静, 何冠谛, 何腾兵. 贵州气候因素对土壤类型及分布的影响 [J]. 浙江农业科学, 2015, 56: 510 - 514.

[11] 柳笛. 城市化对雨洪径流的影响——以武汉市为例 [J]. 科技创业月刊, 2009, 22: 66 - 67, 71.

[12] 丛翔宇, 倪广恒, 惠士博, 等. 基于 SWMM 的北京市典型城区暴雨洪水模拟分析 [J]. 水利水电技术, 2006, 37 (4): 64 - 67.

[13] 丁国川, 徐向阳. 城市暴雨径流模拟及动态显示系统 [J]. 海河水利, 2003 (1): 40 - 41.

[14] 丁燕燕, 韩乔. 城市内涝的主要成因及防治对策 [J]. 市政技术, 2012, 30 (6): 68 - 69.

[15] 付炀. 基于 SWMM 和 Infoworks CS 的南湖路高排管涵改造工程水力模拟研究 [D]. 长沙: 湖南大学, 2013.

[16] 韩冰, 张明德, 王艳. 世博浦西园区供水管网系统水力 (质) 模型的建立及其研究 [J]. 净水技术, 2011, 30 (3): 78 - 82.

[17] 韩娇. 城市降雨径流面源污染水质水量动态模型研究 [D]. 广州: 华南理工大学, 2011.

[18] 何爽, 刘俊, 朱嘉祺. 基于 SWMM 模型的低影响开发模式雨洪控制利用效果模拟与评估 [J]. 水电能源科学, 2014 (1): 42 - 45.

[19] 胡伟贤, 何文华, 黄国如, 等. 城市雨洪模拟技术研究进展 [J]. 水科学进展, 2010, 21 (1): 137 - 144.

[20] 胡莎, 徐向阳, 周宏, 等. 基于 SWMM 模型的山前平原城市水系排涝规划 [J]. 水电能源科学, 2016, 34 (10): 106 - 109.

[21] 黄国如，张灵敏，雒翠，等. SWMM 模型在深圳市民治河流域的应用 [J]. 水电能源科学，2015（4）.

[22] 黄卡. SWMM 模型在南宁心圩江设计洪水中的应用研究 [J]. 红水河，2010，29（5）：36-38.

[23] 黄泽钧. 关于城市内涝灾害问题与对策的思考 [J]. 水科学与工程技术，2012（1）：7-10.

[24] 贾海峰，姚海蓉，唐颖，等. 城市降雨径流控制 LID BMPs 规划方法及案例 [J]. 水科学进展，2014（2）.

[25] 姜体胜，孙艳伟，杨忠山，等. 基于 SWMM 的不同降水量对城市降雨径流 TSS 的影响分析 [J]. 南水北调与水利科技，2011，9（5）：55-58.

[26] 金蕾，华蕾，荆红卫，等. 非点源污染负荷估算方法研究进展及对北京市的应用 [J]. 环境污染与防治，2010，32（4）：72-77.

[27] 晋存田，赵树旗，闫肖丽，等. 透水砖和下凹式绿地对城市雨洪的影响 [J]. 中国给水排水，2010，26（1）：40-42.

[28] 鞠宁松，龚坤. 城市内涝的成因及破解方法探讨 [J]. 江苏建筑，2011（s1）：90-93.

[29] 李东，荐圣淇，王慧亮，等. 基于 SWMM 模型的暴雨洪水模拟研究——以郑州大学新校区为例 [J]. 中国农村水利水电，2017，10（1）：179-182.

[30] 李家科. 流域非点源污染负荷定量化研究——以渭河流域为例 [D]. 西安：西安理工大学，2009.

[31] 林佩斌. 深圳地区污水截流倍数研究 [D]. 重庆：重庆大学，2006.

[32] 刘俊，徐向阳. 城市雨洪模型在天津市区排水分析计算中的应用 [J]. 海河水利，2001（1）：9-11.

[33] 刘蕴哲. 生物滞留系统用于径流污染控制的研究综述 [J]. 安徽农学通报，2016（z1）：80-81.

[34] 卢瑞荆. 贵州暴雨洪涝的气候特征分析 [D]. 兰州：兰州大学，2010.

[35] 马洪涛，张晓昕，王强. 基于模型的城市道路积水应急排水措施研究 [J]. 城市道桥与防洪，2008（9）：42-45.

[36] 马晓宇，朱元励，梅琨. SWMM 模型应用于城市住宅区非点源污染负荷模拟计算 [J]. 环境科学研究，2012，25（1）：95-102.

[37] 牛志广，陈彦熹，米子明，等. 基于 SWMM 与 WASP 模型的区域雨水景观利用模拟 [J]. 中国给水排水，2012，28（11）：57-59，63.

[38] 任伯帜，邓仁健，李文健. SWMM 模型原理及其在霞凝港区的应用 [J]. 水运工程，2006（4）：41-44.

[39] 芮孝芳，蒋成煜，陈清锦，等. SWMM 模型模拟雨洪原理剖析及应用建议 [J]. 水利水电科技进展，2015，35（4）：1-5.

[40] 桑国庆，曹升乐，郝玉伟，等. 雨洪滞留池与蓄水池模式下的雨洪过程研究 [J]. 水电能源科学，2012，30（6）：45-48.

[41] 司国良，黄翔. 长江下游沿江城市内涝灾害的反思与对策 [J]. 人民长江，2009（21）：99-100.

[42] 宋敏，商良，邵东国. 珠三角地区城市雨洪过程模拟与计算——以佛山市南海区北

村水系为例 [J]. 安全与环境学报，2011，11（4）：260-263.

[43] 谭卓琳. 基于低影响开发的寒地住区空间布局模拟及优化研究——以辰能溪树庭院为例 [D]. 哈尔滨：哈尔滨工业大学，2017.

[44] 汪郁渊. 江西景德镇市城市内涝成因及防治对策 [J]. 中国防汛抗旱，2012，22（1）：46-47.

[45] 王海潮，陈建刚，孔刚，等. 基于 GIS 与 RS 技术的 SWMM 构建 [J]. 北京水务，2011（3）：46-49.

[46] 王海潮，陈建刚，张书函，等. 城市雨洪模型应用现状及对比分析 [J]. 水利水电技术，2011，42（11）：10.

[47] 王昆，高成，朱嘉琪，等. 基于 SWMM 模型的渗渠 LID 措施补偿机理研究 [J]. 水电能源科学，2014（6）：19-21.

[48] 王强，谢盈盈，毛羽，等. 生态文明建设的创新实践——以贵安生态文明创新园的规划建设为例 [J]. 动感（生态城市与绿色建筑），2015（2）：28-35.

[49] 王志标. 基于 SWMM 的棕榈泉小区非点源污染负荷研究 [D]. 重庆：重庆大学，2007.

[50] 吴月霞，蒋勇军，袁道先，等. 喀斯特泉域降雨径流水文过程的模拟——以重庆金佛山水房泉为例 [J]. 水文地质工程地质，2007，34（6）：41-48.

[51] 吴正华. 我国城市气象服务的若干进展和未来发展 [J]. 气象科技，2001，29（4）：1-5.

[52] 肖湘. 2012：暴雨来袭——专家解析我国暴雨致灾根源 [J]. 中国减灾，2012（8）：12-15.

[53] 徐涛. 城市低影响开发技术及其效应研究 [D]. 西安：长安大学，2014.

[54] 薛丽. 浅析城市内涝形成的原因及防治 [J]. 科学技术创新，2013（12）：179-179.

[55] 薛梅，陶俊娥，郭玲玲. 产生城市内涝的原因分析及对策 [J]. 现代农业，2012（4）：87-87.

[56] 叶斌，盛代林，门小瑜. 城市内涝的成因及其对策 [J]. 水利经济，2010，28（4）：62-65.

[57] Baraut C，Delleur J W. 校正洪水管理模型的专家系统 [J]. 叶为民，陶雅萍，译. 宝石和宝石学杂志，1990（4）：66-75.

[58] 张建涛. 浅谈城市暴雨径流模拟分析研究 [J]. 城市道桥与防洪，2009（7）：213-215.

[59] 张杰. 基于 GIS 及 SWMM 的郑州市暴雨内涝研究 [D]. 郑州：郑州大学，2012.

[60] 张倩，苏保林，罗运祥，等. 不同排水体制下城市降雨径流污染负荷核定方法 [J]. 北京师范大学学报（自然科学版），2012，48（1）：86-91.

[61] 张胜杰，宫永伟，李俊奇. 暴雨管理模型 SWMM 水文参数的敏感性分析案例研究 [J]. 北京建筑工程学院学报，2012，28（1）：45-48.

[62] 张悦. 关于城市暴雨内涝灾害的若干问题和对策 [J]. 中国给水排水，2010，26（16）：41-42.

[63] 章程，蒋勇军，袁道先. 利用 SWMM 模型模拟喀斯特峰丛洼地系统降雨径流过程——以桂林丫吉试验场为例 [J]. 水文地质工程地质，2007，34（3）：10-14.

[64] 赵东文，康洪娟. 现代城市内涝问题的思考——以广西为例 [J]. 技术与市场，

2011, 18 (8)：322 – 323.

［65］ 赵冬泉，陈吉宁，佟庆远，等. 基于 GIS 构建 SWMM 城市排水管网模型 ［J］. 中国
给水排水，2008, 24 (7)：88 – 91.

［66］ 赵冬泉，王浩正，陈吉宁，等. 城市暴雨径流模拟的参数不确定性研究 ［J］. 水科学
进展，2009, 20 (1)：45 – 51.

［67］ 赵先进，周创兵，张华. 喀斯特山区地下水资源特点及其开发利用问题 ［J］. 中国农
村水利水电，2015 (6)：52 – 55.

［68］ 邹安平. 深圳市宝安区雨洪利用方案与分析 ［J］. 中国给水排水，2010, 26 (16)：
71 – 73.

［69］ Birth N. Leveraging hydrologic and hydraulic model for strategic combined sewer plan-
ning ［J］. Proceedings of the Water Environment Federation, 2014 (18):
4070 – 4090.

［70］ Burian S J, Streit G E, Mcpherson T N, et al. Modeling the atmospheric deposition
and stormwater washoff of nitrogen compounds ［J］. Environmental Modelling &
Software, 2001, 16 (5)：467 – 479.

［71］ Camorani G, Castellarin A, Brath A. Effects of land – use changes on the hydrologic
response of reclamation systems ［J］. Physics & Chemistry of the Earth, 2005,
30 (8)：561 – 574.

［72］ Campbell C W, Sullivan S M. Simulating time – varying cave flow and water levels
using the Storm Water Management Model ［J］. Engineering Geology, 2002,
65 (2)：133 – 139.

［73］ Chow M F, Toriman M E. Modelling runoff quantity and quality in tropical urban
catchments using storm water management model ［J］. International Journal of Envi-
ronmental Science & Technology, 2012, 9 (4)：737 – 748.

［74］ Davis J R, Farley T F N, Young W J, et al. The experience of using a decision sup-
port system for nutrient management in Australia ［J］. Water Science & Technology,
1998, 37 (3)：209 – 216.

［75］ Dohyson P, Younghwan L, Jinkyu C, et al. Study on the runoff characteristics of non –
point source pollution in municipal area using SWMM model—a case study in jeonju
city ［J］. Journal of Korean Society for Geospatial Information System, 2005,
14 (12).

［76］ Dong X, Du P, Li Z, et al. Parameter identification and validation of SWMM in sim-
ulation of impervious urban land surface runoff ［J］. Environmental Science, 2008,
29 (6)：1495.

［77］ Gamache M, Heineman M, Etkin D, et al. I love that dirty water—modeling water
quality in the boston drainage system ［J］. Proceedings of the Water Environment Fed-
eration, 2013, 31：1970 – 1972 (3).

［78］ Hepbasli A, Akdemir O, Hancioglu E. Experimental study of a closed loop vertical
ground source heat pump system ［J］. Energy Conversion & Management, 2003,
44 (4)：527 – 548.

［79］ Huong H T L, Pathirana A. Urbanization and climate change impacts on future urban flooding in Can Tho city, Vietnam [J]. Hydrology and Earth System Sciences, 2013, 17 (1): 379 – 394.

[80] Jang J, Park C K. Analysis of the effects of sewer system on urban steam using SWMM basen on GIS [J]. Journal of Korean Society on Water Environment, 2006, 22 (6): 982 – 990.

[81] Jeong D G, Lee B H. Urban Watershed Runoff Analysis Using Urban Runoff Models [J]. Journal of Korea Water Resources Association, 2003, 36 (1): 75 – 85.

[82] Kanso A, Chebbo G, Tassin B. Application of MCMC-GSA model calibration method to urban runoff quality modeling [J]. Reliability Engineering & System Safety, 2006, 91 (10): 1398 – 1405.

[83] Lee S B, Yoon C G, Jung K W, et al. Comparative evaluation of runoff and water quality using HSPF and SWMM [J]. Water Science & Technology, 2010, 62 (6): 1401.

[84] Leonard J, Madalon Jr. Evaluate the impact of best management measures on sub – watersheds and catchments with XPSWMM [M]. Florida: World Environmental and Water Resources Congress, 2007.

[85] Liu G, Schwartz F W, Kim Y, et al. Complex baseflow in urban streams: an example from central Ohio, USA [J]. Environmental Earth Sciences, 2013, 70 (7): 3005 – 3014.

[86] Marsalek J, Dick T M, Wisner P E. Comparative evaluation of three urban runoff models [J]. Jawra Journal of the American Water Resources Association, 2010, 11 (2): 306 – 328.

[87] Park D, Jang S, Roesner L A. Evaluation of multi – use stormwater detention basins for improved urban watershed management [J]. Hydrological Processes, 2014, 28 (3): 1104 – 1113.

[88] Patrick L. Nonalcoholic fatty liver disease: relationship to insulin sensitivity and oxidative stress. Treatment approaches using vitamin E, magnesium, and betaine [J]. Alternative Medicine Review: a Journal of Clinical Therapeutic, 2002, 7 (4): 276 – 291.

[89] Piro P, Carbone M, Garofalo G, et al. Management of combined sewer overflows based on observations from the urbanized Liguori catchment of Cosenza, Italy [J]. Water Science & Technology, 2010, 61 (1): 135 – 143.

[90] Piro P, Carbone M. A modelling approach to assessing variations of total suspended solids (tss) mass fluxes during storm events [J]. Hydrological Processes, 2014, 28 (4): 2419 – 2426.

[91] Smith C S, Lejano R P, Ogunseitan O A, et al. Cost effectiveness of regulation – compliant filtration to control sediment and metal pollution in urban runoff [J]. Environmental Science & Technology, 2007, 41 (21): 7451 – 7458.

[92] Tae Seok Shon, Mi Eun Kim, Jae Seung Joo, et al. Analysis of the characteristics of non – point pollutant runoff applied LID techniques in industrial area [J]. Desalination & Water Treatment, 2013, 51 (19 – 21): 4107 – 4117.

[93] Temprano J, Arango O, et al. Stormwater quality calibration by SWMM: A case

study in northern Spain [J]. WATER SA，2006，32 (1)：55 - 63.

[94] Tillinghast E D，Hunt W F，Jennings G D. Stormwater control measure (SCM) design standards to limit stream erosion for Piedmont North Carolina [J]. Journal of Hydrology，2011，411 (3)：185 - 196.

[95] Tsihrintzis V A，Hamid R. Modeling and Management of Urban stormwater Runoff Quality：A Review [J]. Water Resources Management，1997，11 (2)：136 - 164.

[96] Vander S M，Rahman A，Ryan G. Modeling of a lot scale rainwater tank system in XP - SWMM：A case study in Western Sydney，Australia [J]. Journal of Environmental Management，2014，141 (141C)：177 - 189.

[97] Villarreal E L，Semadeni - Davies A，Bengtsson L. Inner city stormwater control using a combination of best management practices [J]. Ecological Engineering，2004，22 (4)：279 - 298.